LES
ARTS ET MÉTIERS

3ᵉ SÉRIE IN-8ᵉ

DENIS PAPIN

LES
ARTS ET MÉTIERS

PAR

ALEXANDRE LABOUCHE

NOUVELLE ÉDITION

REVUE ET AUGMENTÉE DE TOUTES LES RÉCENTES INVENTIONS

TOURS

ALFRED MAME ET FILS, ÉDITEURS

M DCCC XCIII

PRÉFACE

L'auteur des *Inventions et Découvertes ou les Curieuses Origines*[1] nous semble avoir parfaitement caractérisé l'utilité de son livre, en disant que les enfants ont tous les jours sous les yeux une foule d'objets qu'il ne suffit pas à leur avide curiosité de pouvoir admirer, mais dont il importe par-dessus tout de leur expliquer l'origine et l'histoire, l'usage et les propriétés.

Ce livre, il l'a composé, dit-il, pour venir en aide aux parents dont la mémoire risquerait assez souvent de se trouver en défaut pour remonter, par leurs propres souvenirs, aux origines suffisamment précises des plus belles inventions qui honorent l'industrie humaine ; rien de plus fugitif,

[1] *Les Inventions et Découvertes ou les Curieuses Origines,* par M. Ernest Soulange ; 1 vol. in-12, chez A. Mame et fils.

en effet, que la mémoire des noms propres et des dates. M. Ernest Soulange a donc produit, à notre sens, un livre aussi intéressant qu'éminemment utile.

Mais cette première et heureuse idée en appelait tout naturellement une autre, non moins féconde encore en intérêt, en actualité. Une fois initié à la connaissance de l'origine de la plupart des objets qui frappent ses regards ou qu'il touche, l'enfant ne doit-il pas être infiniment curieux ensuite d'apprendre par quelle série de procédés merveilleux toutes ces choses-là sé sont trouvées insensiblement, de mieux en mieux, appropriées à l'usage et aux besoins de l'homme, comment elles sont enfin parvenues à l'état de perfection admirable où il les voit ?

Sous une forme simple, peut-être même attrayante, révéler à l'enfant les *Arts et Métiers,* tel était l'objet de ce second livre qu'avait projeté lui-même l'auteur des *Inventions et Découvertes,* mais dont il nous a dû confier bientôt l'idée, parce qu'il était, par des circonstances imprévues, dans l'impossibilité de la réaliser lui-même.

Sans doute ce petit travail, tout à fait en dehors du cercle de nos études favorites, n'avait rien en lui de bien classique pour un professeur comme nous ; pourtant il nous a plu, car c'est encore se rendre utile à l'enfance que de chercher, selon l'heureuse devise de l'abbé Gaultier, à l'instruire en l'amusant : rien n'est frivole à cette double condition.

Nous aurions pu, au besoin, composer un volume considérable avec toutes les notes que nous avions pris le soin de recueillir ; mais à quoi bon ? Il ne faut aux enfants que des abrégés, des faits bien résumés, des idées primitives, élémentaires, en un mot, rien que le strict nécessaire, même en enseignements utiles, pour ne pas fatiguer imprudemment leur mémoire ; avec eux le grand art est de ne pas tout dire, de savoir s'arrêter à point. Nous nous sommes imposé cette réserve, en nous attachant exclusivement, de préférence, à l'histoire des arts et métiers les plus essentiels à l'homme.

La division de notre cadre en cinq parties distinctes était tracée tout naturellement de la manière suivante, savoir :

1o Aliments ;

2o Habitations ;

3o Vêtements ;

4o Métiers utiles ;

5o Luxe et beaux-arts.

Ainsi tout sujet traité a son rang, sa place marquée : on l'y peut trouver tout d'abord sans confusion et sans peine.

1*

Puissent ces quelques heures de loisir con-
sacrées par nous à l'enfance, dans une voie
surtout qui nous était étrangère, prouver de
nouveau ce que peut inspirer d'abnégation per-
sonnelle le désir de se rendre utile à la jeu-
nesse !

I

ALIMENTS

LE LABOUREUR

L'agriculture est presque aussi ancienne que le monde. Noé cultiva la terre au sortir de l'arche, et transmit à ses descendants les connaissances qu'il avait acquises. Dès les temps les plus reculés, les habitants de la Mésopotamie, de la Palestine, de l'Égypte, se sont appliqués à l'agriculture. La connaissance du labourage remontait, chez les Babyloniens, aux premiers siècles de leur histoire. Les Égyptiens faisaient honneur de cette découverte à Isis et à Osiris. Mais les Chinois, qui ont la prétention de disputer à tous les peuples l'ancienneté du labourage, prétendent avoir appris cet art de Chin-Noug, successeur de Fo-Hi.

Rien ne fait, au surplus, mieux connaître la haute estime que professent les Chinois pour la culture des terres, que la fête qui se célèbre, tous les ans, au Tong-King. Dans ce jour solennel, l'empereur, accompagné des grands de l'État, prend une charrue et trace des sillons dans un champ. Cette fête, appelée *Kanja*, se termine par un festin magnifique que le prince donne à ses courtisans, et par des réjouissances publiques où tout rappelle les bienfaits du premier des arts.

Convaincus de l'importance de l'art de cultiver la terre pour les besoins de l'homme, tous les peuples en attribuèrent la découverte à leurs dieux, ou déifièrent les mortels qui leur firent un présent si utile. Les Égyptiens, avons-nous dit, rapportaient cette invention à Isis et à son époux Osiris; les Grecs en faisaient honneur à Cérès et à Triptolème, son fils; les Italiens, à Saturne et à Janus, leur roi, qu'ils placèrent au rang des dieux en récompense de ce bienfait. Quoique les Romains ne vissent qu'avec dédain les beaux-arts et la mécanique, entichés qu'ils étaient de l'esprit de conquête, cependant ils ne méprisèrent pas l'agriculture. Les écrits de Caton, de Varron, de Columelle, de Pline, prouvent, au contraire, tout le prix qu'ils y attachaient.

La culture des terres demande une grande expérience acquise par une longue pratique. Ce n'est pas là, tant s'en faut, un art ordinaire; il faut, par mille épreuves comparées, avoir obtenu une parfaite connaissance du sol, de la nature la mieux appropriée des engrais, de l'opportunité, de la profondeur nécessaire des labours. Un bon laboureur est donc un artisan précieux, comme il est un homme fort honorable. Aux temps héroïques, Ulysse et son père Laërte maniaient la charrue. Chez les anciens Romains, les dictateurs et les consuls étaient pour la plupart des laboureurs. Cincinnatus abandonna le commandement des légions romaines pour retourner à sa charrue.

La charrue des anciens jours est aujourd'hui détrônée, dans les grandes exploitations, par la charrue à vapeur, qui fait le travail de cent charrues ordinaires et ne coûte que 0 fr. 05 par cheval et par heure.

Moulin à vent hollandais.

LE MEUNIER

Les grains dont on se sert le plus communément en Europe pour faire le pain sont le froment, le seigle et le méteil. En Asie, en Afrique, en Amérique, on fait le pain avec de la farine de maïs.

Comme il n'est pas possible de manger le blé revêtu de son enveloppe, il a fallu chercher le moyen de le préparer. Les anciens le faisaient griller pour en séparer la pellicule; c'est la méthode qu'emploient encore, de nos jours, les sauvages. On le pilait ensuite dans des mortiers de bois ou de pierre; mais, comme ce procédé exigeait beaucoup de temps et de fatigue pour réduire le blé en farine, on finit par substituer au mortier deux pierres, dont l'une était fixe, et l'autre mise en mouvement à force de bras. Ce travail était aussi long que pénible. Enfin le génie de l'homme, se perfectionnant par la civilisation, imagina les moulins portatifs; puis, à la suite des siècles, l'art admirable de faire servir les éléments aux besoins les plus impérieux de la vie : de là l'invention des moulins *à eau*, puis celle des moulins *à vent*.

Le moulin à bras paraît être de la plus haute antiquité. Moïse, en parlant des plaies d'Égypte, fait dire à Dieu : « Je sortirai sur le minuit, je parcourrai l'Égypte, et tous les premiers-nés mourront dans les terres des Égyptiens, depuis le premier-né de Pharaon qui est assis sur son trône, jusqu'au premier-né de la servante qui tourne la meule du moulin. » L'usage de ces moulins portatifs passa ensuite aux Grecs. Ce fut, dit-on, Milétas, deuxième roi de Lacédémone, qui transmit cette découverte à ses sujets. En Grèce, en Asie, on faisait depuis longtemps usage du moulin portatif, alors que les Romains continuaient toujours à piler leur blé dans des mortiers. Ce ne fut qu'après leurs conquêtes qu'ils s'en servirent, à l'imitation des peuples qu'ils avaient vaincus. Ils employèrent d'abord à ce labeur des esclaves et des repris de justice, puis, en agrandissant leurs meules, des chevaux et des ânes.

L'expérience des moulins tournés par des animaux, et si supérieurs en résultats aux moulins à bras, fit chercher une force plus grande encore pour donner à cette machine un nouveau degré de perfection : de là l'origine des *moulins à eau*. Ils furent, à ce que l'on suppose, inventés dans l'Asie Mineure, et les Romains s'en servirent à leur retour de cette contrée. Mais, bien qu'ils fussent connus du temps d'Auguste, on ne les employait encore pour aucun usage public. C'est sous le règne d'Honorius et d'Arcadius, vers l'an 400 de notre ère, que l'usage des moulins à eau se popularisa. Lors du siège de Rome par Vitigès, roi des Goths, en 537, comme tous les moulins servant à l'alimentation de la ville se trouvaient dans la campagne de Rome, Bélisaire prit le parti de se hasarder à en faire construire sur le Tibre. Ces moulins, placés dans des bateaux au milieu du courant, sont les premiers qu'on ait vus de cette nature.

De l'Italie, cette invention passa chez les Francs dès le commencement de la monarchie, et l'histoire nous montre en Touraine, dans le cours du vᵉ siècle, les plus anciens moulins connus établis sur des rivières. Par son testament, daté de l'an 475, saint Perpet, évêque de Tours, légua à son église cathédrale les moulins qu'il possédait sur le Cher, à Savonnières. Au commencement du vɪᵉ siècle, **un** pieux solitaire, nommé Ours, pour épargner à ses disciples le pénible travail de la trituration du blé, imagina de bâtir un moulin dans le lit de l'Indre, au pied du coteau de Loches. Ces machines, quoique connues depuis quelque temps, n'étaient pas encore très répandues; car l'historien de ces temps reculés, Grégoire de Tours, les décrit avec une sorte d'admiration naïve. Saint Ours, dit-il, fixa des pieux dans la rivière, établit une chaussée en pierre pour former un chenal, et y ménagea une écluse où la chute de l'eau fit tourner la roue de la fabrique avec une grande volubilité. Émerveillé de ce résultat prodigieux, un barbare, le Goth Silarius, favori d'Alaric, voulut avoir le moulin, et le demanda à l'abbé, en offrant d'en payer le prix. Sur le refus de saint Ours, il menaça de le prendre de force, ou tout au moins d'établir en dessous un autre moulin à une distance tellement rapprochée, que la roue supérieure serait noyée et ne pourrait plus tourner. En effet, il fit une autre chaussée, releva artificiellement le niveau de l'eau, inonda par ce moyen la roue du moulin de saint Ours et l'empêcha de marcher. A cette nouvelle, les moines se mirent en prières pendant trois jours, et demandèrent au Seigneur de soutenir leurs droits : le troisième jour, la chaussée de Silarius fut emportée par le courant, et il n'en resta pas le moindre vestige; tout fut dévoré par le gouffre.

D'Italie et des Gaules, les moulins se répandirent dans tout le reste de l'Europe. La meunerie est arrivée aujourd'hui à son plus haut degré de perfection. Un des moulins les plus curieux que l'on connaisse en France est, sans contredit, le fameux moulin de Bazacle à Toulouse, c'est un établissement merveilleux.

Quant aux moulins *à vent,* ni les Grecs ni les Romains ne les ont connus. Ils tirent leur origine de l'Orient; on croit généralement que l'usage en fut importé en France et en Angleterre à l'époque des croisades; mais alors le mécanisme de ces moulins était dans l'enfance; des inventions et des améliorations successives ont singulièrement contribué au perfectionnement de ces machines, d'une utilité si générale.

Tout le mérite de cette espèce de moulin consiste dans le parfait équilibre de sa masse, qui se soutient et joue en l'air sur un pivot, dans la disposition des ailes pour recevoir le vent, dans le rapport de la force mouvante avec la résistance des meules et des frottements. Les ailes prêtent au vent plus ou moins de surface selon qu'on étend les voiles, et la liberté de leur vol dépend de leur inclinaison à l'horizon sur l'axe qui les soutient.

Pour les moulins *à eau*, les uns sont placés à demeure sur le courant des eaux; d'autres sont mobiles et établis sur des bateaux, et opposent directement leur roue au courant le plus actif de la rivière. Pour mettre en mouvement ceux qui sont stables, on retient l'eau avant qu'elle arrive, et on la captive dans un canal étroit, afin qu'accélérée dans sa chute et devenue plus forte par l'obstacle, elle porte tout l'effort de son courant et de son poids sur la roue qu'elle doit faire mouvoir. Si le courant est faible, on le fortifie en faisant tomber l'eau directement sur les parties supérieures de la roue.

L'intérieur des moulins à eau et à vent, et le mécanisme aussi simple qu'ingénieux par lequel le blé entre de lui-même et peu à peu sous la meule, sont également curieux.

La minoterie à vapeur laisse aujourd'hui sans mouvement les grands bras d'un grand nombre de moulins à vent; les poètes pleurent leur disparition.

LE BOULANGER

Ce métier, qu'on pourrait croire le plus ancien de tous après l'agriculture, était à peine connu dans le monde païen. A Rome, les mères de famille fabriquaient elles-mêmes le pain une heure avant le repas. On le cuisait sur l'âtre en le couvrant de cendres chaudes, ou sur une espèce de gril qu'on plaçait au-dessus de quelques charbons ardents. L'usage des fours ne fut importé d'Orient en Europe que l'an 583 de la fondation de Rome.

En France, les boulangers s'appelèrent d'abord *tamisiers*, du mot tamis; puis, au XIIIe siècle, boulangers, à cause de la forme ronde des pains en boule qu'ils fabriquaient. Leur communauté était sous la protection du grand panetier de France, et l'on ne pouvait aspirer à la maîtrise qu'après avoir été successivement vanneur, bluteur, pétrisseur, enfin geindre pendant quatre ans. Le candidat comparaissait alors devant le chef de la communauté, ayant à la main un pot neuf rempli de noix. Le chef, après s'être assuré de la durée réelle de l'apprentissage, prenait le pot, le brisait sur le pavé et recevait le néophyte.

En 1762, on comptait deux cent cinquante boulangers dans l'enceinte de Paris, six cent soixante dans les faubourgs, et neuf cents dans les environs de la capitale. Il y a quelques années, avant l'établissement de la liberté de la boulangerie, leur nombre était de six cents pour Paris; il en existait en outre qui ne fabriquaient qu'avec des machines. Les boulangers devaient fournir, tant à titre de dépôt de garantie que de contingent à domicile, un approvisionnement qui assurât pour près de deux mois la consommation moyenne de Paris. Leur liste, classée suivant la quantité de farine qu'ils cuisaient chaque jour, était imprimée annuellement. Des ordonnances spéciales réglaient l'état de la boulangerie par toute la France; les plus minutieux détails de cette industrie importante avaient été sagement réglementés. Mais aujourd'hui cette industrie est libre comme toutes les autres, et le nombre des boulangers est illimité.

Vous descendez, par un escalier tortueux, dans un antre souterrain, qui retentit de grincements aigus, de gémissements sourds. L'éclat d'une fournaise ardente s'unit aux pâles lueurs des lampes pour vous montrer confusément, sous une voûte noire et fumeuse, des hommes maigres, demi-nus, demi-rôtis; sont-ce des faux-monnayeurs, des damnés? Non, ce sont tout simplement des boulangers. Cette bouche pleine de flammes est celle du four; ces sons aigus, c'est le chant du grillon, hôte familier des boulangeries; cet homme qui geint pétrit votre nourriture de demain. Tous ces instruments que vous voyez épars sur le sol, dressés contre la muraille ou dans les mains des ouvriers, sont ceux qui servent à la confection du pain : pelles, pétrins, coupe-pâte, corbeilles, moulins à passer la farine, etc.

Ce n'est qu'à Paris qu'on peut observer tout ce travail nocturne. En province, le boulanger se couche tard et se lève matin, mais du moins il passe la nuit dans son lit. Dès l'aube du jour jusqu'à midi il fait ses levains, ses fournées, se repose pendant quelques heures, rafraîchit ses levains et les manipule de nouveau vers les neuf heures du soir, avant de s'endormir du sommeil du juste.

Le métier de boulanger s'apprend en un an ou dix-huit mois, durant lesquels le jeune mitron donne au maître une rétribution de 150 à 200 fr. Un ouvrier accompli est payé, à Paris, moitié en espèces, moitié en nature; il gagne par jour 2 fr. 75 c. et un pain d'un kilogramme. L'ouvrier en chef gagne jusqu'à 5 fr. Lorsqu'on l'a exercé jusqu'à l'âge de quarante ans environ, on est tellement épuisé qu'il faut bien songer à la retraite. La flamme du four est aussi fatale au boulanger que le feu du champ de bataille au soldat; l'homme qui nous fait vivre est, dans ses vieux jours, aussi invalide que l'homme qui combat; et, après avoir passé son existence à nourrir les autres, il se trouve lui-même, fort souvent, sans asile et sans pain.

Du reste, malgré les entraves nécessaires apportées au commerce de la boulangerie, leur art est parvenu à sa perfection. Déjà, sous Louis XVI, Parmentier et Cadet de Vaux l'avaient singulièrement régénéré. Toutefois nous étions encore restés au-dessous des étrangers pour la boulangerie

fine. Aujourd'hui nous n'avons plus rien à leur envier :
non seulement le pain étalé aux vitres de nos plus belles
boulangeries est d'une délicatesse exquise, mais à force
de perfectionnements les boulangers en sont venus au point,
grâce à la multitude infinie de gâteaux fins qu'ils se sont
mis en tête de fabriquer, d'empiéter insensiblement sur
l'industrie des pâtissiers : il ne manquerait plus à ces derniers, par réciprocité, que de s'amuser à faire du pain.

LE VIGNERON

L'histoire sainte nous présente Noé comme l'inventeur
de l'art de faire le vin; les Égyptiens l'attribuent à Osiris,
les Grecs à Bacchus, les Romains en font honneur à Icare,
père de Pénélope. Suivant ces derniers, c'est Numa qui
le premier aurait enseigné à tailler la vigne. On prétend
que ce fut une chèvre qui donna l'idée primitive de ce
procédé : cet animal ayant brouté un cep, on remarqua
que l'année suivante il donna du fruit plus abondamment
que de coutume; alors on profita de cette découverte pour
étudier la manière la plus avantageuse de tailler la vigne.

Dans l'origine, l'art du vigneron se bornait aux pratiques
les plus simples; une fois la vigne taillée, émondée, venue
à maturité, on commença, faute de mieux, par en exprimer le jus des grappes avec les mains; puis insensiblement
on trouva des moyens plus expéditifs. Si nous en croyons
les auteurs profanes, les pressoirs seraient de la plus haute
antiquité. Il est certain que leur usage était connu dès le
temps de Job; mais on ne sait pas comment ces machines
étaient faites. Les premiers vases dont on se servit pour
contenir le liquide furent des calebasses desséchées, des

bambous, des cornes, puis des peaux d'animaux. Les calebasses sont encore, de nos jours, les vases les plus ordinaires des peuples de l'Amérique; les bambous tiennent, en plusieurs pays, lieu de seaux et de barils; les cornes d'animaux s'emploient au même usage en Afrique. L'invention des tonneaux est attribuée aux Gaulois établis le long du Pô. Les Grecs et les Romains conservaient leurs vins dans des cruches de terre ou dans des outres de peaux de bêtes.

Les premiers soins du vigneron consistent à planter, provigner, tailler, labourer, lier, terrer sa vigne et la fumer. Tous ces divers ouvrages réclament un assez grand nombre d'instruments. Pour planter la vigne, on se sert d'une *houe*, espèce de bêche renversée. La taille de la vigne a tout à la fois pour but de la faire croître, de l'empêcher de porter tant de fruits, de faire mûrir ceux qu'elle donne, enfin d'exciter la pousse de ses nombreux rejetons. Après le premier des trois labours qu'il devra donner à divers intervalles, le vigneron pique ses échalas, auxquels il lie la vigne avec des brins d'osier quand la fleur est tombée. L'échalas ne sert pas seulement à soutenir le cep, il le garantit encore en partie de la gelée, des vents et de la grêle. En Italie, la vigne était cultivée de diverses manières, comme de nos jours : tantôt livrée à elle-même, tantôt soutenue par des échalas, tantôt mariée à des arbres.

Mais ce n'est pas tout pour le vigneron d'avoir su cultiver sa vigne, il faut encore qu'il sache faire son vin; c'est un art qui a ses mille détails, ses finesses, ses ressources. Il faut avant tout bien connaître tous les degrés de fermentation, savoir comment procurer au vin une chaleur convenable, combien cette chaleur doit durer, quels en sont les effets. En les laissant plus ou moins fermenter, les vins sont plus ou moins rouges, plus ou moins grossiers, plus ou moins veloutés; ils ont plus ou moins de corps ou de finesse.

Les anciens séparaient avec soin les divers sucs à extraire du raisin et les faisaient fermenter séparément; le premier jus, coulant par la plus légère pression et provenant du raisin le plus mûr, fournissait le meilleur de leurs vins : ce que plus récemment les Italiens appelèrent *lacryma*, ou mère goutte. Les Grecs avaient une manière qui leur était particulière pour faire le vin. Après avoir coupé le raisin, ils l'exposaient au soleil pendant huit à dix jours, ensuite ils le tenaient à peu près autant de temps à l'ombre; enfin ils le foulaient, non dans des tonneaux, puisque l'usage en était inconnu, mais dans de grandes cruches ou dans des outres de peau, où ils le conservaient pendant un grand nombre d'années. Les Romains, eux, procédaient tout différemment : ils foulaient le raisin aussitôt qu'il était coupé, et portaient immédiatement les grappes sur le pressoir pour en exprimer le reste de la liqueur; après quoi ils la passaient à travers une toile fort claire pour l'épurer, et la renfermaient dans de grands vases de terre qu'ils faisaient venir de Samos et qu'ils bouchaient hermétiquement avec de la poix; ils en remplissaient aussi des outres de bouc et d'autres peaux apprêtées.

Les anciens, qui connaissaient si bien l'excellence du vin, n'en ignoraient pas non plus les dangers. Dans la Judée, un des principaux vœux des Nazaréens était de s'en abstenir; on n'en donnait ni aux jeunes Perses ni aux jeunes Crétois pendant tout le temps qu'ils fréquentaient les écoles. Dans les premiers siècles de Rome, toutes les dames devaient s'abstenir de vin; et pour s'assurer qu'elles observaient rigoureusement cette défense, il était d'usage qu'elles embrassassent les parents ou amis qui venaient les visiter. Les Anglais ne commencèrent à faire usage du vin que vers l'an 1293, jusque-là le vin était pour eux un cordial que vendaient seuls les pharmaciens.

Si Domitien eut la cruauté de faire arracher toutes les vignes des Gaules, dans la crainte que cette liqueur enivrante n'y attirât les barbares, en revanche Probus eut le

bon esprit de les y faire replanter. La France lui en doit
une reconnaissance d'autant plus durable, qu'aujourd'hui
la récolte du vin est en France, après celle du blé, la plus
considérable de toutes.

LE TONNELIER

Le tonnelier est l'artisan qui fabrique, qui *relie* et qui
vend des tonneaux, c'est-à-dire toutes sortes de vaisseaux
de bois reliés d'osier propres à contenir des liqueurs ou
des marchandises.

Cet art est très ancien; il paraît être venu promptement
au degré de perfection auquel nous le voyons aujourd'hui;
cependant il est inconnu encore en certains pays. Dans
plusieurs autres, où le bois est rare, on transporte les vins
dans des peaux enduites de goudron ou de poix; et l'usage
de garder les vins dans des vases de terre se conserve
encore de nos jours dans quelques-unes de nos provinces.

On prétend que les peuples placés au pied des Alpes ont
les premiers fait usage de tonneaux. Dès l'an 70 de l'ère
chrétienne, on connaissait le moyen de fabriquer des vases
de plusieurs pièces de bois réunies par des liens. Il y a
plus de dix-neuf cents ans que Varron et Columelle ont
parlé de vases composés de plusieurs planches assemblées
avec des cercles de bois. •

Les bois, autrefois très communs en France, y ont introduit de bonne heure l'art de la tonnellerie; mais peut-être
la disette des bois, qui se fait sentir de plus en plus, nous
rendra-t-elle industrieux, et nous apprendra-t-elle à trouver

le moyen de diminuer la consommation des tonneaux, en réduisant leur usage au seul transport des vins.

Les vendanges.

Le tonnelier construit les *pipes* et les *pièces* dans lesquelles on transporte l'huile et l'eau-de-vie; le sucre brut et divers poissons de mer salés nous parviennent dans des barils de dimensions différentes. On a donné le nom de *caques* à quelques-uns de ces barils. La poudre à tirer qu'on transporte, et celle qu'on embarque, se mettent aussi dans de petits *barils*, qui pleins pèsent cinquante kilos. C'est encore le tonnelier qui fait les *cuviers* où se coulent les lessives pour blanchir le linge, et les *futailles* pour les salpêtriers.

C'est vers le printemps que le tonnelier monte et bâtit ses tonneaux; l'ouvrage de l'hiver a consisté pour lui à préparer et à dresser les douves qui doivent former les côtés et les fonds de ses fûts. Ceci est la partie la plus essentielle de son travail.

Il y a des provinces où l'on fait des cuves carrées; mais cette construction est du ressort du menuisier. Les ouvrages qui dépendent du tonnelier sont sans doute remarquables par la force et la simplicité de leur composition; mais on ne saurait voir sans étonnement ces tonnes monstrueuses qui contiennent quelques centaines de muids de liqueur, comme en Allemagne. Rarement les portes des caves sont assez larges pour les y introduire.

On remarquait, à l'exposition de 1889, un tonneau d'une contenance de dix mille litres, qui mesurait dix mètres de hauteur. Le constructeur, pour l'inaugurer, offrit à ses ouvriers un dîner pour lequel le tonneau lui-même servit de salle de festin.

LE BERGER

Berquin et Florian se sont amusés à nous représenter le berger comme un personnage coquet, musqué, gardant, avec des houlettes fleuries, de blanches brebis chamarrées de rubans. Quel dommage que la réalité ne réponde pas à ces jolis rêves! Qu'est-ce que le berger tel que nous le connaissons? Un pauvre homme enveloppé d'un long manteau, la houlette à la main, la figure basanée, la tête ombragée d'un large chapeau ciré d'où s'échappent négligemment de longs cheveux. Avec quelle gravité il s'avance à la tête de son troupeau! Quelle autorité il a conquise sur tous ces animaux qui n'obéissent qu'à sa voix! Avec quelle précision, apercevant un mouton qui s'écarte, il lui décoche une motte de terre au moyen du fer triangulaire de sa houlette! Avec quelle dextérité il emploie le crochet qui en garnit l'extrémité inférieure à séparer de la foule une brebis dont la santé lui paraît suspecte! Et ses chiens, comme ils vont et viennent! comme ils répondent aux noms sonores qu'il leur a donnés! comme ils contiennent le troupeau dans les limites qui lui sont assignées! Ils sont si agiles et si vigilants, qu'on a vu des bandes de trois cents moutons suivre un sentier d'un mètre de large, entre deux pièces de jeune blé, sans oser toucher la moindre tige.

L'engagement que le berger contracte avec le fermier commence, de temps immémorial, à la Saint-Jean. Ses gages sont assez élevés; car de lui dépend la ruine ou la prospérité du fermier. Serviteur privilégié, il est traité avec égard par le maître; il a ses vivres à part; il remplit sa tâche à sa guise, exempt des corvées de la ferme.

Au centre de la France, c'est vers le midi que le berger mène paître ses brebis. Si la chaleur est trop forte, rassemblant son troupeau autour de lui à l'ombre d'un feuillage hospitalier, il s'allonge sur un gazon vert et s'endort au murmure du ruisseau, au gazouillement des bergeronnettes, au bruit lointain du clocher du village. Quand la fraîcheur du crépuscule a revivifié l'herbe desséchée, les moutons se dispersent et paissent en liberté.

Après la tonte des brebis, qui a lieu en juin, le berger quitte la ferme pour les champs, où il établit son domicile pendant l'été et l'automne. Un parc en claies est l'asile des moutons durant la nuit, et à peu de distance s'élève la demeure de leur gardien.

La résidence du berger est tout simplement une cabane à roulettes. Dans l'intérieur sont un lit, une vieille carabine, des pistolets, et, sur une planche, des balles et de la poudre.

Plus loin des pots contiennent les drogues nécessaires aux pansements. A des clous à crochets sont suspendues de blanches têtes de cheval, qui, placées la nuit de distance en distance, servent au berger de jalons pour le guider dans l'obscurité. Aux parois sont collés des cantiques, des images de Notre-Dame-de-Liesse ou autres gravures coloriées. Dans un coin pourrissent quelques vieux bouquins : l'*Almanach liégeois*, la *Clef des songes,* etc. L'étude de ce dernier livre fait considérer le berger comme sorcier. Il a, dit-on, le pouvoir de se rendre invisible, d'éteindre le feu sans eau, de faire de l'or, de jeter des sorts, de donner le *lait bleu* aux vaches, etc.

A part toutes ces sornettes, le berger a, en réalité, une supériorité marquée sur le reste des paysans : il est plus doux, plus affable, plus poli. La solitude accroît chez lui la faculté de penser, surtout dans les montagnes, où il passe souvent des semaines entières sans voir un être humain. Cette profession exige non seulement une grande force corporelle, mais encore des connaissances pratiques assez étendues. Botaniste expert, le berger cherche pour ses brebis les collines crayeuses où croissent le trèfle et le thym sauvage, en évitant avec soin les plantes malfaisantes. Vétérinaire habile, il panse les plaies des brebis, les enduit avec la fonte d'un mélange de beurre, de soufre et de saindoux ; il prévient la clavelée par l'inoculation.

Un moment critique pour le berger, c'est celui où, par une nuit d'octobre, les aboiements des chiens lui ont signalé l'approche d'un loup. Il s'arme aussitôt de sa carabine. L'animal carnassier s'avance poussé par la faim, sans s'effrayer des lueurs de la lanterne suspendue à la porte de

Orage dans la montagne.

la cabane. Les chiens se jettent sur lui avec intrépidité ; un combat terrible s'engage ; mais le berger a le coup d'œil sûr ; il envoie le plus communément deux chevrotines dans la tête du malencontreux visiteur.

A l'époque de la Toussaint, le berger rentre à la ferme ; mais l'hiver n'interrompt pas ses travaux : il fait les fourrages et la litière, veille les brebis pleines ; vers Noël il passe les nuits près des mères et reçoit les agneaux naissants.

Nous venons de parler du berger des plaines ; la vie du berger des montagnes est singulièrement différente au sein des *alpages,* c'est-à-dire des pâturages des Alpes. C'est sur les hauteurs vertigineuses, au bord des abîmes, sur des pentes à pic, à la limite des neiges éternelles, qu'il faut conduire les troupeaux pendant l'été. Quand on traverse les gorges des montagnes, on entend quelquefois au-dessus de soi, à des hauteurs si grandes que les sapins paraissent des arbrisseaux, le tintement argentin d'une clochette lointaine. On trouve même des pâturages à moutons complètement isolés, au milieu des glaciers qui les environnent de toutes parts. Il y a plus encore : certains alpages sont d'un abord tellement difficile, qu'il faut y porter les moutons à bras d'homme.

C'est dans ces sauvages solitudes que les bergers passent trois à quatre mois de la belle saison. Par le beau temps, le travail n'est pas rude : il consiste à traire les vaches deux fois par jour, à transformer le lait en beurre ou en fromage, et à surveiller le troupeau. Mais, par le mauvais temps, tout change. Quand l'orage éclate sur les hauteurs, que la grêle, la neige et le vent fouettent l'alpe avec furie, et que les éclats du tonnerre se répercutent dans les rochers, les troupeaux s'épouvantent, les vaches fuient au hasard, la queue dressée, l'œil hagard, droit devant elles, et souvent se précipitent dans les abîmes : il faut alors que les bergers arrêtent ces animaux éperdus, les calment et les ramènent dans les refuges, au péril de leur propre vie.

Quand le troupeau a mangé toute l'herbe qui croît à la

hauteur du premier chalet, il monte d'un étage, et en s'élevant ainsi peu à peu il parvient à la fin de l'été à la limite des pâturages. Arrivées à l'extrémité de leur domaine, vers la fin du mois d'août, les vaches commencent à descendre, chassées peu à peu par la neige.

Plusieurs personnages célèbres ont commencé par garder les troupeaux : Sixte-Quint, Yakouty, prince des Parthes, Pierre Anich, le musicien Carbonel, Giotto, le peintre florentin, et le paysagiste flamand Élie Matthieu.

LE BOUCHER

Dès les premiers temps de la monarchie, les bouchers étaient constitués en corps d'état, et n'admettaient point d'étrangers parmi eux. Ils transmettaient à leurs seuls enfants les étaux qu'ils possédaient d'abord dans l'île de la Cité, et plus tard près de Saint-Jacques-la-Boucherie; ils élisaient un chef. Le monopole exercé par leur corporation puissante fut, de siècle en siècle, attaqué par la fondation de nouveaux étaux, puis enfin anéanti à l'époque de la révolution française. Il y a quelques années, le nombre des bouchers était limité à 500; il n'était que de 310 en 1822. Trente d'entre eux nommaient un syndic et dix adjoints, renouvelés tous les ans par la voie du sort. On ne pouvait établir de boucherie à Paris sans une permission du préfet de police, et un cautionnement de 3,000 francs était exigé des candidats ; de nombreuses ordonnances règlent les rapports des bouchers avec le public, préviennent la vente des viandes insalubres, et prescrivent les mesures à prendre pour la propreté et l'entretien des étaux. Aujourd'hui le commerce de la boucherie est libre, et le nombre des étaux illimité.

Le commerce des bestiaux pour l'approvisionnement de Paris n'a lieu que sur les marchés de Sceaux, de Poissy, sur le marché aux vaches grasses et à la halle aux veaux. La caisse de Poissy, instituée en 1811, paye comptant aux herbagers et marchands forains le prix de tous les bestiaux qu'on leur achète. Les fonds de cette caisse se composent du montant des cautionnements versés par les bouchers, et des sommes provenant d'un crédit ouvert par le préfet de la Seine.

En arrivant sur le marché, le boucher va de bestiaux en bestiaux et les examine avec soin; après un débat entre lui et le marchand, il conclut son achat; alors il tire de sa poche une paire de ciseaux, et découpe sur le poil les lettres initiales de son nom et de son prénom. S'il veut qu'on abatte immédiatement l'animal, il le marque d'une raie transversale sur les côtes. Un boucher ne dit jamais : « J'ai acheté une vache, » mais bien : « J'ai acheté une bête. » Quand il a fait l'acquisition d'un taureau, il le désigne sous la dénomination de *pacha*.

Les bouchers ont longtemps nourri de gros chiens qui voituraient la viande, sur de petites charrettes, de l'abattoir à la boucherie. Depuis que ce genre d'attelage a été proscrit, on y a substitué des chevaux.

Les émanations animales au milieu desquelles vivent les bouchers leur donnent une vigueur et un embonpoint peu communs. On cite un boucher anglais, Jacques Rauwel, qui mourut à Londres, en 1751, âgé de trente-neuf ans seulement, qui ne pesait pas moins de deux cent quarante kilos. La compagne du boucher est encore plus replète que son mari. C'est une beauté fraîche, regorgeant de santé, semblable, quand elle est encadrée dans son comptoir, aux figures de cire du fameux salon de Curtius.

Autrefois le boucher contribuait, avec ses valets, à l'abatage des bestiaux; il se contente aujourd'hui de jeter par intervalles le coup d'œil du maître. Les bourreaux de l'espèce animale sont les garçons d'*échaudoir* : on donne ce nom déguisé aux lieux où se font ces exécutions sanglantes. Le bœuf condamné à mort y est amené, attaché par les jambes et les cornes à un anneau scellé dans la dalle, et, frappé au milieu du front de deux ou trois coups de merlin, il tombe sans pousser un cri. Quant aux moutons, pauvres êtres sans défense, on les conduit par troupeaux dans les cours ménagées derrière les échaudoirs, et on les égorge un à un. Ces affreuses exécutions s'accomplissent en silence, avec une dextérité sans égale et un imperturbable sang-froid. Une eau limpide ruisselle sur le pavé presque en même temps que le sang. L'air, qui circule librement dans les échaudoirs, ouverts des deux côtés, emporte toute odeur fétide. Une propreté aussi minutieuse est entretenue dans l'enceinte des abattoirs ; tout y est nettoyé avec tant de soin, que le dégoût disparaît pour faire place, faut-il le dire? à l'admiration.

Pour donner la mesure de la terrible besogne des garçons d'un échaudoir parisien, nous ajouterons que, terme moyen, on abat en une seule année, à Paris, environ soixante-dix mille bœufs, vingt mille vaches, quatre-vingt mille veaux et au delà de quatre cent mille moutons.

Après minuit, le garçon d'*échaudoir* charge la viande sur une charrette et la porte à l'étal, où elle est reçue par le garçon étalier. Celui-ci la dépèce et la dispose pour la vente.

Le garçon étalier est plus civilisé que le garçon d'échaudoir. Celui-ci, avant de sommeiller, a le temps à peine de couper une grillade et de l'aller manger chez le marchand de vin. Quand l'étalier a servi les pratiques, puis affilé à plusieurs reprises son couteau sur son fusil, baguette cylindrique en fer qui pend à son côté, il lui est permis de disposer à son gré du reste de la journée.

L'étalier finit presque toujours par acheter un fonds. Le maître auquel il succède ne renonce pas absolument à son état; il suit avec plaisir la marche ascendante du garçon qu'il occupait; il donne des conseils à quiconque veut l'entendre sur les affaires de la boucherie, s'informe du cours de la viande et du suif, et se rend à Poissy dans toutes les occasions importantes, par exemple à l'époque de la mise en vente du *bœuf gras*. C'est ainsi que, le jeudi qui précède le jeudi gras, des bœufs de taille colossale sont amenés au marché de Poissy; le plus pesant, orné de banderoles, exposé en vente au milieu de la place, est bientôt entouré d'un cercle d'amateurs qui se disputent l'honneur de le posséder. Ce n'est point la soif du lucre qui les anime, c'est l'amour de la gloire; le désir d'être cités dans les journaux, d'occuper un moment le premier rang parmi leurs collègues. Les enchères se succèdent et grossissent avec rapidité; la victoire est un moment indécise, et la crainte de se ruiner arrête à peine les concurrents échauffés. Et puis, le dimanche, a lieu la célèbre cérémonie de *l'ordre et la marche du bœuf gras,* et tout Paris va se presser sur le passage du monstrueux animal, qui, trois jours plus tard, dépouillé de son riche accoutrement, sera immolé à son tour par ceux mêmes qui semblaient lui dresser des autels.

LE PÊCHEUR

C'est ici une race d'hommes à part, qui a son genre de vie, ses mœurs, ses habitudes à elle. Sur un littoral de côtes qui n'a pas moins de deux cents myriamètres d'étendue, partout ce sont les mêmes cabanes tapissées de filets, à demi enterrées dans les sables ou perchées comme des nids sur la cime des roches. Ce sont les mêmes hommes au teint hâlé, aux jambes nerveuses; actifs, agiles, infatigables, sobres autant par tempérance que par nécessité, affranchis des vices par l'isolement et par le travail.

La foi religieuse, si tiède au sein des villes, survit chez le pêcheur, profonde comme la mer, inébranlable comme le rocher. Ignorant toute science, il ne réfléchit ni ne raisonne; mais la majesté de l'Océan l'impressionne, lui révèle une intelligence suprême; il y a dans les marées et les orages, dans le calme et la tempête, dans l'harmonie et le désordre, une grande voix mystérieuse qui lui parle de Dieu. Aussi la religion préside-t-elle à tous les actes importants de sa vie.

Lance-t-il sa chaloupe, il la fait bénir et baptiser par son pasteur. Va-t-il pêcher le hareng en vue de Yarmouth, ou la morue à Saint-Pierre-Miquelon, il entendra avant son départ une messe solennelle. A-t-il échappé à quelque formidable bourrasque, il monte à la chapelle de Notre-Dame-de-Grâce, près de Honfleur, s'agenouille avec recueillement et psalmodie quelques cantiques.

Tout enfants, les habitants des côtes sont exercés à recueillir sur les grèves toutes sortes de coquillages. Aussitôt après leur première communion, ils accompagnent leur père à la pêche. On part à la marée montante, et l'on attend un nouveau flux pour rentrer au port. Ainsi douze heures sur vingt-quatre, la moitié de la vie du pêcheur, se passent en mer. Sa chaloupe est à la fois son atelier, son réfectoire, son dortoir et son magasin.

Non moins laborieuse que son mari, la femme du pêcheur tend des lignes le long du rivage, raccommode les filets, ramasse les huîtres sur les rochers, porte le poisson au marché, sans négliger les soins du ménage et l'éducation d'une-postérité toujours nombreuse. Elle épie le retour de son mari, et, quand il rentre au port, elle aide à décharger la chaloupe des produits de la pêche. Souvent, hélas! elle attend en vain; souvent il ne revient au rivage que des agrès rompus, des cadavres défigurés!

Le pêcheur, qui hasarde sa vie par métier, sait l'exposer
au besoin pour le salut des marins en péril; il a jeté la
corde de sauvetage à bien des matelots échoués; il a halé

Pêche du hareng.

des flots bien des victimes, recueilli sur les récifs bien des
malheureux à demi noyés : c'est une justice à lui rendre.
Et si le pêcheur porte fort loin le sentiment de l'hu-

manité, nul homme ne témoigne une affection plus vive pour le sol natal. En vain tenteriez-vous de le naturaliser ailleurs qu'aux bords de la mer où il est né, où il veut mourir. Sa précaire et chétive cabane lui est plus chère qu'un palais. Quelquefois les sables mouvants, que le vent pousse en flots immenses, engloutissent des hameaux entiers. Un matin, les habitants, tout stupéfaits de ne pas voir lever l'aurore, s'aperçoivent qu'ils ont été ensevelis à domicile, mettent le nez à la cheminée, sortent par les tuyaux, et déblayent ensuite patiemment le terrain. En d'autres parages, la côte est bordée de falaises dont les pêcheurs occupent les plates-formes, tandis que la mer en ronge lentement le pied. Voilà pourtant quelles demeures plaisent à ces hommes familiarisés avec tous les dangers des vents, des flots, des récifs.

Cet attachement du pêcheur pour ses rochers, pour sa cabane, pour sa vie aventureuse, fait qu'il se soumet au service militaire avec une insurmontable répugnance. Ce n'est pas qu'il soit lâche, car il montre à tout instant une bravoure éprouvée. Séparé de la mort par quelques planches fragiles, il se lance en pleine mer et se laisse bercer avec insouciance au gré des lames orageuses. Mettez-le en réquisition pour la marine, installez-le sur un vaisseau de guerre, il ne bronchera pas devant les bordées ennemies ; mais ne lui embarrassez pas la tête d'un shako, les mains d'un fusil, les reins d'une giberne : il serait à la caserne comme un goéland en cage, il succomberait à l'ennui de l'apprentissage, l'air des chambres le tuerait.

Le pêcheur que nous venons de décrire est celui qui poursuit dans ses filets la proie que la Providence lui envoie ; mais il y a aussi le pêcheur qui élève les poissons et les huîtres, comme on élève les animaux domestiques dans nos fermes.

La *pisciculture* ou culture du poisson, connue et pratiquée autrefois, a été retrouvée en 1843 par deux pêcheurs des Vosges, Remy et Géhin. Ces patients et ingénieux pêcheurs recueillaient dans les parcs les mères truites, veillaient à la ponte des œufs, en favorisaient l'éclosion dans des frayères artificielles, et obtenaient ainsi une multitude de jeunes truites ou *alevin*. Ils déposaient ensuite les jeunes poissons éclos entre leurs mains dans des espèces de réserves où ils les nourrissaient, d'abord de frai de grenouilles, puis de viande hachée ; ils élevaient concurremment avec les petites truites d'autres espèces plus petites et herbivores qui, se nourrissant elles-mêmes aux dépens des végétaux aquatiques, servaient ensuite de pâture aux truites adultes.

La publicité donnée à ces faits curieux attira l'attention du gouvernement, et M. Coste, professeur au collège de France, fut chargé de les étudier et de les appliquer en grand. Il créa pour cet objet un magnifique établissement de pisciculture à Huningue, près du canal du Rhône au Rhin, et là il réussit à élever, par les procédés artificiels de Remy et Géhin, des millions de saumons, de truites, de feras et d'ombres-chevaliers, destinés au repeuplement des cours d'eau de France, épuisés par une pêche inintelligente et dévastatrice. Malheureusement l'établissement d'Huningue est passé aux mains de la Prusse par le fatal traité de 1871.

La culture des huîtres ou *ostréiculture* a aussi été installée par M. Coste au vivier-laboratoire de Concarneau, sur les côtes du Finistère, et, grâce à lui, les plages maritimes ont été transformées en manufactures abondantes de produits alimentaires. Les viviers de Concarneau sont situés sur l'emplacement de rochers énormes de granit, et couvrent une surface de plus de mille mètres carrés, subdivisée en six bassins, que l'eau visite deux fois par jour, à la marée haute, et dans lesquels on élève des poissons et des crustacés. Les bassins d'Arcachon sont spécialement consacrés aux huîtres. Le frai des huîtres est recueilli sur divers collecteurs, fascines, pierres ou tuiles, et c'est là que le *naissain* s'attache tout d'abord dans la première période de son développement. Les jeunes huîtres sont ensuite détachées de leur soutien, et placées dans des *ambulances* ou caisses de conservation, où elles continuent à se développer librement, à l'abri de toutes les causes de destruction. Enfin, devenues plus fortes, elles sont semées sur le littoral, en des points favorables à leur existence. Grâce à ces soins intelligents, les huîtres ont été multipliées en abondance sur toutes nos côtes ; et, quand la pêche a été permise de nouveau, on a pu constater que des bancs jadis appauvris étaient devenus plus riches qu'on ne les avait jamais connus.

LE JARDINIER

Dans cette immense variété d'arbres et de plantes que la nature offre à nos yeux, il en est plusieurs qui, sans aucun soin de la part de l'homme, lui fournissent un aliment délicat et savoureux ; l'idée de transplanter ces sortes de végétaux et de les renfermer dans de certains espaces circonscrits, afin d'être plus à portée de veiller à leur entretien, se sera présentée tout naturellement. De là l'origine des jardins, dont l'usage remonte aux temps les plus reculés.

L'antiquité vante comme une des merveilles du monde les jardins, peut-être imaginaires, de Sémiramis, reine de Babylone ; ils étaient, dit-on, soutenus en l'air par un nombre considérable de colonnes de pierre, sur lesquelles portait un assemblage de poutres de palmier, et par-dessus de la terre excellente, dans laquelle on avait planté toutes sortes d'arbres, de fruits et de légumes qu'on cultivait avec beaucoup de soin. Les jardins des Romains étalaient toute la magnificence de ces maîtres du monde ; ils étaient ornés de palais superbes, et malgré leur vaste étendue n'en portaient pas moins l'empreinte du bon goût.

Les anciens peuples de la Syrie et de la Phrygie connaissaient aussi l'art du jardinage. Midas avait des jardins superbes ; en même temps la description que fait Homère des jardins d'Alcinoüs peut donner une idée merveilleuse de l'état de perfection auquel était poussé le jardinage chez les peuples de l'Asie. « Là toutes les espèces d'arbres portent jusqu'au ciel des rameaux nombreux et florissants ; là se confondent la poire balsamique, l'orange éclatante, la pomme, la figue, et l'olive toujours verte. Ces arbres, soit l'été, soit l'hiver, sont éternellement chargés de fruits ; l'olive, à son automne, fait voir l'olive naissante qui la suit ; la figue est poussée par une autre figue, la poire par la poire ; la grenade remplace la grenade, et à peine a disparu l'orange, qu'une autre orange s'offre à être cueillie. D'un autre côté, rangés avec ordre, étaient fortement enracinés en terre de longs plants de vigne qui portaient des raisins en toute saison. Les uns, dans un lieu découvert, séchaient aux feux du soleil, tandis que les autres étaient coupés par les vendangeurs, et d'autres encore foulés dans le pressoir. »

Dans cette réunion primitive de plantes, de la part de l'homme, dans une même enceinte appelée *jardin,* que résulta-t-il ? C'est que, les espèces s'étant multipliées, on vint à découvrir entre elles des propriétés différentes et nouvelles, des beautés inconnues ; il fallut donc les ranger séparément : de là ces divisions en *potagers* pour les légumes, en *vergers* pour les arbres fruitiers, en *parterres* pour la réunion de toutes les fleurs.

C'est l'art du jardinier, né du travail le plus opiniâtre et de la plus heureuse industrie, qui nous a enrichis de fleurs doubles, de fruits aussi admirables par leur grosseur que par la délicatesse de leurs sucs et la diversité de leurs goûts. Sans lui, les végétaux qui nous offrent d'aussi doux aliments, abandonnés à eux-mêmes sur un sol négligé, reprendraient leur nature sauvage et primitive. Ainsi la vigne ne produirait plus que des raisins acides ; à la douceur de la reinette succéderait l'âpreté de la pomme sauvage ; au lieu du jus délicieux de la poire, nous ne lui trouverions plus qu'une chair revêche ; l'abricot, la pêche, pleins d'un suc relevé, n'offriraient qu'une substance sèche et pâteuse ; plus d'amandes douces ; l'asperge résisterait aux dents, la cerise les agacerait, les laitues s'armeraient d'épines ; tous les légumes enfin, tous les fruits dénaturés, deviendraient âpres et rebutants.

C'est au siècle de Louis XIV que remonte l'époque de la culture bien entendue des jardins fruitiers et potagers. Sous les règnes précédents, ces jardins n'étaient qu'un amas confus d'arbres fruitiers, presque tous hauts de tige, en plein vent, avec quelques buissons taillés à l'aventure, et très peu ou point d'espaliers. On semait sous ces arbres, sans aucun arrangement, les herbages et les légumes les plus communs, qui n'y réussissaient que dans les saisons où la nature les donne elle-même. De nos jours, l'art du jardinier est poussé à ses dernières limites ; entre autres merveilles qu'on lui doit, citons le secret de produire des fleurs et des fruits dans la saison où la nature les refuse.

La greffe est l'une des ressources les plus ingénieuses du jardinage : c'est le triomphe de l'art sur la nature. Par elle on fait rapporter les fruits les meilleurs à des arbres qui n'en auraient donné que de revêches, on relève la qualité des fruits, on en perfectionne le coloris, on en accroît la grosseur, on en avance la maturité, enfin on les rend plus abondants.

LE RAFFINEUR

Le sucre des anciens était fort différent du nôtre; il restait à l'état de manne ou de miel. Ce n'était autre chose que le sucre qui découle naturellement des jets de bambou,

Récolte de la canne à sucre.

espèce de roseau qui croît aux Indes orientales. Lorsque ces jets sont mûrs, il s'échappe de leurs nœuds une liqueur qui se coagule par l'ardeur du soleil et forme des larmes semblables à celles de la manne. Les anciens recueillaient ce sucre naturel; mais ils ignoraient l'art de tirer le suc des cannes par expression et de le purifier ensuite, comme nous faisons aujourd'hui.

La canne à sucre est, dit-on, originaire des Indes orientales; elle n'était pas tout à fait inconnue aux peuples de l'antiquité, mais ils ne savaient pas la cultiver; les médecins grecs désignaient le sucre sous le nom de *sel indien*. Ce ne fut que vers la fin du XIII° siècle que la canne à sucre fut transportée en Arabie, et de là en Égypte. Cent ans plus tard, elle passa en Syrie, en Chypre, en Sicile. Lors de la découverte de Madère, don Henri, régent du Portugal, l'y fit importer; elle y fut cultivée avec succès, comme aux Canaries, et plus tard à l'île Saint-Thomas, à Saint-Domingue.

Cette plante se reproduit de boutures enterrées dans des sillons creusés à un mètre les uns des autres; elle se multiplie ainsi avec une merveilleuse fécondité. Le suc de cannes étant de sa nature sujet à fermentation, quand vient le moment des récoltes on a grand soin de ne couper que la quantité de cannes qu'on peut exploiter chaque jour; ainsi, dès qu'elles sont coupées, émondées de leurs feuilles, réduites à la longueur d'environ un mètre et mises en bottes, on les porte au moulin afin d'en exprimer le suc. Ces cannes écrasées, pressurées par les divers cylindres du moulin, sont censées avoir rendu tout le suc qu'elles contenaient : ce suc est reçu par une auge, d'où il s'écoule dans une grande chaudière; on lui donne le nom de *vesou*, ou vin de canne.

A cette première opération succèdent les travaux de lessive et d'épuration, qui se pratiquent à l'aide d'ébullitions successives et toujours croissantes dans plusieurs chaudières différentes. Enfin ce suc, incessamment clarifié, prend une consistance de sirop qui, peu à peu refroidi, finit par se convertir en une infinité de petits grains ou cristaux; alors on le verse assez communément dans des formes semblables à celles dont nous nous servons dans nos raffineries d'Europe.

Mais ce sucre, ainsi produit, n'est encore qu'à son état brut; il ne pourrait être livré à la consommation; il n'a ni la blancheur ni la pureté requises pour des palais délicats; c'est ainsi que l'art du raffineur est devenu nécessaire. Les procédés du raffinage sont multipliés et curieux, quoique dégoûtants. Mais, depuis vingt ans environ, cet art s'est singulièrement perfectionné, grâce aux admirables appareils dont il s'enrichit tous les jours. C'est en 1759 qu'il fut, pour la première fois, fait mention de raffineries de sucre en Angleterre.

LE MARAICHER

On nomme *marais* les jardins destinés à la culture des légumes. Ils sont disséminés par milliers autour des murs de la capitale : par quelque barrière qu'on veuille sortir de Paris, on aperçoit de distance en distance ces longs marais plantés de salades, d'épinards, de carottes, de radis et de haricots verts. Pas un pouce de terrain n'est perdu dans cet enclos; les sentiers ménagés entre les carrés sont à peine assez larges pour livrer passage à un homme; les châssis vitrés qui protègent les melons étincellent au soleil comme des planches d'argent. La propreté qui règne dans ces potagers, la vigueur de la végétation, le bon entretien des couches et des plates-bandes, tout annonce que la culture y est portée à un haut point de développement.

Dans un coin de l'enclos s'élève, à un mètre au-dessus du sol, une cabane de chaume. Au goût qui a présidé à cette construction, à son délabrement mal dissimulé par les ondulations de la vigne, à son aspect misérable, on pourrait croire qu'elle est bâtie à cent lieues de tout pays civilisé; et cependant nous sommes aux portes de Paris. L'intérieur est dénué de carrelage, de tenture et presque d'ameublement. Au-dessus du manteau de la cheminée est accroché un fusil à pierre, à la crosse pesante, au canon marqueté de rouille; çà et là des images cachent les murs sans les embellir. Près de ce triste domicile, vous remarquerez un appentis informe qui sert d'écurie, de remise et de magasin, puis un petit jardin d'agrément, réservé comme à regret, où croissent au pied d'un abricotier l'œillet, la rose, la clématite et le basilic.

Il n'est peut-être pas sur la terre un homme qui puisse être comparé au maraîcher pour sa prodigieuse activité. Il est à peine deux heures du matin quand il se lève. Les légumes, triés, mis en bottes dès la veille, sont méthodiquement classés sur sa charrette; le maraîcher s'achemine vers la halle; et, transformé en marchand jusqu'à sept heures du matin, il répartit ses denrées entre les fruitiers, les marchands des quatre saisons et les restaurateurs de la capitale. De retour au gîte, il se jette sur son grabat, qu'il quitte bientôt de nouveau pour sarcler, planter, cueillir et surtout arroser.

La simplicité de ce mode d'arrosement est chose fort ingénieuse. Le puits est situé au centre du marais et surmonté d'un treuil autour duquel la corde s'enroule; deux vieilles roues de charrette, superposées horizontalement et réunies par des lattes, composent assez ordinairement ce treuil. Un cheval étique fait monter et descendre alternativement les seaux, selon qu'il se dirige à droite ou à gauche. Pour obtenir du chétif animal cette machinale docilité, et pour lui faire accomplir plus sûrement sa marche monotone, on lui a couvert les yeux d'un capuchon. Le maraîcher est là, pieds nus, car l'humidité mettrait bientôt toute espèce de chaussure hors de service; il verse le contenu des seaux dans un tonneau, qui, semblable à celui des Danaïdes, se vide à mesure qu'on l'emplit, et voici pourquoi : il communique par des tuyaux souterrains à plusieurs autres tonneaux à demi enterrés çà et là dans les marais, de sorte que le maraîcher, en quelque partie du potager qu'il veuille arroser, trouve toujours de l'eau à sa portée.

L'habileté avec laquelle le maraîcher manie ses arrosoirs est vraiment extraordinaire; il les prend près de la pomme, les plonge dans son tonneau, et tout à coup, sans qu'aucune goutte d'eau s'échappe, il les retourne, les saisit au vol par la poignée, et distribue à chaque plante sa ration liquide.

Le maraîcher sème et recueille toute l'année; il retire de la terre tout ce qu'elle est susceptible de produire, et fait jusqu'à trois récoltes par an. Mais que d'engrais! Pour deux arpents qu'il exploite, il emploie souvent le fumier de trente chevaux; aussi, malgré toutes ses sueurs, ses veilles et son économie poussée jusqu'à l'excès, il parvient rarement à amasser de quoi vivre oisif, il arrose jusqu'au jour de son décès et meurt à la tâche et debout, comme l'empereur Vespasien. La femme du maraîcher, ses garçons, ses filles bêchent, sèment et cultivent avec lui.

La corporation des maraîchers remonte à une époque fort ancienne, à l'an 1473. Ses nouveaux statuts, publiés à son de trompe en 1545, furent confirmés par Henri III, Henri IV, Louis XIV, et enregistrés au parlement en 1645. Cette corporation avait seule le droit de vendre les melons, concombres, artichauts, herbages, arbres à fruits, etc. etc.

LE BRASSEUR

L'origine de la bière est fort ancienne. Osiris passait pour l'avoir inventée; la tradition portait qu'en faveur des peuples dont le terroir n'est pas propre à la vigne, ce prince inventa une boisson faite avec de l'orge et de l'eau, qui, pour l'odeur et la force, ne différait guère du vin. Il n'est pas difficile de reconnaître la bière.

Au reste, quelque origine qu'on donne à la bière, que ce soit Cérès ou Osiris qui en ait été l'inventeur, son usage est très ancien; il y a tout lieu de croire que les peuples privés de la vigne cherchèrent dans la préparation des grains une boisson qui leur tînt lieu de vin, et qu'ils en tirèrent la bière.

L'histoire nous apprend, en effet, que cette liqueur a passé de l'Égypte dans tous les autres pays du monde; qu'elle fut d'abord connue sous le nom de boisson *pélusienne*, du nom de Péluse, ville située près de l'embouchure du Nil, où l'on fabriquait la meilleure bière. L'usage s'en établit bientôt chez les Grecs, quoiqu'ils eussent d'excellent vin, dans une partie de l'Italie, en Espagne, chez les Germains, dans les Gaules, et plus récemment en Angleterre et en Flandre.

Cette liqueur spiritueuse peut se faire avec toutes les graines farineuses; mais on préfère communément l'orge; c'est, à proprement parler, un vin de grain. En France, on emploie volontiers l'orge, auquel les brasseurs mêlent un peu de blé ou d'avoine. Malheureusement cet état est devenu, comme beaucoup d'autres, sujet à bien des fraudes. Demandez, par exemple, à la plupart de nos brasseurs français en quelle quantité le houblon entre dans la proportion des substances ou des ingrédients servant à leur fabrication ; cependant on doit à la vertu du houblon la salubrité de la bière et son meilleur goût ; elle devient moins visqueuse que celle des anciens, moins sujette à s'aigrir, à se gâter, plus généreuse à l'estomac, plus vineuse, plus propre à la digestion.

C'est pourquoi la Flandre et l'Angleterre, où les houblonnières abondent, offrent des bières meilleures et plus nutritives que chez nous. Nous n'avons point en France de bières comparables pour la force au *porter ;* pour la vinosité savoureuse, à l'*ale* anglaise ; pour la douceur, à la bière de Louvain ; enfin pour l'excellence et l'admirable cuisson, à la bière de Liège. On prétend, il est vrai, et avec raison, que les eaux de la Meuse ont, pour la fabrication de la bière de Liège, la même propriété que les eaux de la Bièvre pour nos teintures des Gobelins, que les eaux du Furens pour la trempe de nos armes de Saint-Étienne. Un fait assez récent est venu à l'appui de cette assertion. Un des bons brasseurs de la ville de Liège conçut, il y a quelque trente ans, la malencontreuse pensée de transporter à grands frais son établissement de brasserie à Paris ; il espérait faire de très brillantes affaires. Il met donc en œuvre tous ses errements de fabrication, ses mêmes appareils... Mais, déception cruelle ! sa bière ne ressemble plus qu'à toutes les bières de Paris, c'est-à-dire qu'elle est complètement médiocre... C'est qu'au milieu de tous ses plans d'importation si bien mûris, il avait oublié de transporter la Meuse à Paris. Cet oubli involontaire lui devint très funeste.

Les propriétés de l'eau qu'on y emploie exercent sur cette boisson une influence évidente. Lorsque j'étais à Lyon, il me souvient qu'au milieu d'un violent orage je me réfugiai dans un café. Je demande de la bière, on m'en sert un cruchon ; je la débouche sans défiance aucune. Mais voilà soudain la bière qui s'échappe, me jaillit en fusées sur la figure et se répand partout. Je rebouche précipitamment le maudit cruchon, et quelques minutes après je me risque de nouveau à tenter l'épreuve ; même explosion, même jet continu. Vous eussiez dit de la limonade gazeuse ou du champagne. Je n'avais pu parvenir encore à boire une goutte de bière, que déjà mon cruchon était à moitié vide. Je demandai la cause d'une pareille singularité : il me fut répondu que cette bière était faite avec de l'eau du Rhône, et que l'orage venait, sans nul doute, ajouter à la fermentation du liquide.

Une brasserie exige un emplacement très spacieux ; le nombre des appareils nécessaires est considérable. Les principaux sont le germoir, la touraille, le moulin, les cuves et les chaudières. Cette fabrication, pour être consciencieusement faite, demande des opérations successives et très multipliées ; il est vrai que de nos jours on a trouvé le moyen de les simplifier singulièrement, mais toujours aux dépens du consommateur. Les brasseries d'Angleterre sont ce qui existe en ce genre de plus extraordinaire au monde.

LA LAITIÈRE

Depuis ces dernières années, le commerce du lait a pris une extension colossale. En effet, sous prétexte de café au lait, la plupart des Parisiens ont contracté aujourd'hui la fatale habitude de prendre, chaque matin, un mélange de substances diverses, plus ou moins dangereuses et frelatées, entre lesquelles prédominent heureusement encore l'eau et la chicorée.

A Saint-Ouen, à Pontoise, à l'Ile-Adam, et jusqu'à douze myriamètres du rayon de Paris, il existe maintenant d'im-

Vache laitière.

menses dépôts où les fermiers de tous les alentours viennent apporter leur lait. L'été et dans les temps orageux, cette énorme quantité de liquide est prudemment soumise à l'ébullition. On la verse dans des vases en fer-blanc ou même dans des flacons de cristal, et on l'expédie en poste à Paris, sur des voitures dont les parois sont trouées comme un crible, afin de laisser l'air circuler. Son débit a lieu dans de somptueuses boutiques embellies d'un luxe oriental, de baguettes en cuivre, de carreaux en glaces et de becs de gaz.

Voilà pour la fabrique du lait en gros : voyons maintenant son commerce en détail. La majorité des nourrisseurs est cantonnée dans les environs de Paris ; c'est de là qu'ils dépêchent leurs filles, leurs femmes, leurs servantes dans la capitale, en qualité de laitières. Dans le logis du nourrisseur, tout le monde est sur pied avant trois heures du matin ; ce travail préparatoire et occulte qu'exige le lait dure de deux à trois heures. Sitôt qu'il est terminé, la laitière s'installe en charrette au milieu des seaux de fer-blanc, joint à cette première denrée des œufs plus ou moins frais et vient dresser sous une porte cochère son magasin en plein vent. Pendant que le marchand de vin voit s'arrêter chez lui une foule d'habitués, alléchés par l'appât d'un verre de vin blanc ou d'une goutte d'eau-de-vie, la population féminine se presse autour de la laitière.

Si maintenant vous suivez la laitière dans son retour vers ses foyers, vous remarquerez qu'elle s'arrête auprès d'une fontaine et remplit tous ses seaux et boîtes vides. Cette eau serait-elle exclusivement réservée aux besoins du ménage ? Non, sans doute ; car le nourrisseur n'oublie jamais de *baptiser* le lait qu'il livre à la consommation, dans la proportion de vingt parties d'eau sur cent. Voici les deux formules ordinaires : *pour fabriquer du lait chaud première qualité,* prenez cinq pintes de lait première traite, et ajoutez-y une pinte d'eau ; *pour fabriquer du lait froid seconde qualité,* prenez du lait chaud, comme ci-dessus, et ajoutez-y une mesure d'eau pour trois mesures de lait.

Les nourrisseurs qui mettent ces deux recettes en pratique sont encore les plus consciencieux, les plus honnêtes ; ils ont la réputation, justement acquise, de vendre du lait naturel ; aussi placent-ils naïvement au-dessus de leurs portes cette inscription en lettres colossales : *Lait pur*. Ce qui ne les empêche pas de débiter encore, en guise de crème, de la mousse de lait battu, parfois coloré avec du safran et du caramel. Ils réservent pour composer leur crème le lait de la dernière traite.

Si des amateurs désirent absolument, pour la rareté du fait, avoir du lait non baptisé, ils n'ont d'autre parti à prendre que d'envoyer à l'étable des personnes de confiance pour surveiller la femme chargée de traire. Dans ce cas, le lait est pur assurément, mais en quantité très minime : l'amateur paye 50 centimes ce qui en vaut 15 : car il est un art de faire mousser le lait comme la bière, et déborder un vase sans qu'il soit plein.

Un nourrisseur possède ordinairement de trente à quarante vaches ; les bêtes maigres sont celles qui donnent le plus de lait ; à mesure qu'elles engraissent, leur lait devient plus épais, plus substantiel, mais moins abondant ; ce qui ne fait pas du tout le compte du nourrisseur. Une vache laitière est gardée au moins un à deux ans, quelquefois bien plus longtemps. Quand elle est complètement épuisée, la pauvre bête est conduite au marché. Les bouchers l'achètent de 5 à 700 fr., suivant l'embonpoint.

Quand une vache laitière meurt dans l'exercice de ses fonctions, son corps est vendu à l'administration du jardin des Plantes ; il y devient la proie des lions, des tigres, des ours, des panthères et autres carnivores de la ménagerie.

II

HABITATIONS

L'ARCHITECTE

Des pierres ont été tirées de la carrière ; le terrain est prêt, les maçons aussi. Mais que peuvent faire les maçons tout seuls ? rien ; ils entasseraient moellon sur moellon sans que leur ouvrage eût aucune forme.

Dès qu'il s'agit de bâtir une maison, on s'adresse à un homme qui combine sur le papier un plan, des proportions, des distances, qui divise un bâtiment en ses parties distinctes ; cet homme, c'est l'architecte.

L'architecture est l'art de fonder, d'élever, de décorer ; elle tient à la peinture par le dessin, à la sculpture par l'exécution des décors. Michel-Ange, Cousin, Puget, ont été tout à la fois peintres, sculpteurs, architectes.

Or vous voyez ce papier que déploie l'architecte aux yeux des maçons ; là se trouve tracé le plan du bâtiment tout entier avec ses entrées, ses étages, ses chambres, ses portes, ses cours, ses caves, etc. Sur ce papier, l'architecte a déjà construit toute sa maison, à l'aide d'un simple lavis à l'encre de Chine.

L'architecture, ayant pour but de pourvoir à l'un des besoins les plus pressants de l'homme, celui d'un abri contre les intempéries de l'air et d'un asile sûr et salubre, est placée au rang des arts de première nécessité.

Les plus anciens travaux d'architecture sont la tour de Babel, la ville de Babylone, enfin les pyramides d'Égypte, qui subsistent encore. Les Égyptiens ont poussé plus loin qu'aucun autre peuple le faste des constructions. Leurs temples majestueux supportés par de nombreuses colonnes, précédés de longues avenues et d'obélisques ; leurs canaux, leurs aqueducs, leurs écluses, ont fait l'admiration des siècles.

Aux édifices des Égyptiens et des Hébreux succédèrent les monuments des Grecs. Ce peuple possédait chez lui la pierre en abondance ; mais il tira du marbre de l'Egypte et de ses propres montagnes pour l'employer avec profusion dans ses bâtiments.

A leur tour, les Romains, qui voulaient devenir les maîtres du monde, se surpassèrent par la solidité prodigieuse de leurs constructions, par le faste de leurs monuments publics. Les bains, les spectacles furent chez eux d'une magnificence qu'on aurait peine à concevoir, s'il n'en existait d'entiers encore, soit à Rome, soit en différentes villes de France.

Plus tard vint l'architecture gothique, puis le genre arabesque ; enfin nous en sommes revenus à l'école grecque, qui est la plus régulière.

Le grand mérite de l'architecture est de donner à des objets convenus de belles proportions. Il faut aux édifices unité et simplicité. L'*unité* existe quand toutes les parties se correspondent au point de paraître nécessaires les unes aux autres. La *simplicité* consiste dans une sage distribution des ornements, de sorte qu'on n'y voie rien de confus ou de compliqué.

Ce n'est pas assez qu'un bâtiment soit solide, il faut encore qu'il le paraisse. La plus grande faute qu'un architecte puisse commettre dans une construction décorée, c'est le *porte-à-faux*. Il y a porte-à-faux quand les parties essentielles de la construction, comme les colonnes, les bases, les murs, les voûtes, ne portent pas d'aplomb sur des bases solides jusqu'aux fondements; car alors l'édifice n'est ni sûr à habiter ni agréable à voir.

Enfin l'architecture est, par excellence, l'art de donner aux bâtiments de belles proportions qui varient suivant leur destination; ces proportions doivent être telles qu'un homme de goût, en examinant le bâtiment qu'on vient d'élever, ne le désire ni plus grand, ni plus petit, ni plus simple, ni plus orné.

LE CARRIER

Autrefois, l'homme était sauvage; il habitait dans les forêts, dans les cavernes, où l'hiver il avait moins froid. Vêtu de la dépouille des bêtes, nourri des fruits incultes de la terre, il vivait assez mal; il ne connut que plus tard ses besoins; alors il se construisit des retraites en bois, de petites cabanes de roseaux ou de branches entrelacées, qui craquaient sous le souffle des vents ou laissaient pénétrer la pluie.

Que de temps il fallut avant qu'on s'ingérât d'aller chercher au fond de la terre des pierres capables de fournir des abris solides et impénétrables, des bâtiments beaux et imposants! Certes, on fut bien embarrassé pour venir à bout d'amener sur la surface du sol ces masses si lourdes; car alors on n'avait pas, comme aujourd'hui, des outils de fer à cet usage, et ce ne dut être qu'à force de pieux, de bois, d'efforts et de patience.

Il existe quelque ressemblance entre le métier de carrier

et celui de mineur ; l'un comme l'autre travaille souvent dans les ténèbres.

L'entrée principale des carrières est une ouverture assez étroite à laquelle on a donné le nom de *puits,* à cause de sa forme qui rappelle celle des puits de nos maisons.

Le *ciel* de la carrière est le premier banc qui se trouve au-dessous des terres en creusant ; il sert de plafond ; à mesure qu'on fouille, on soutient ce ciel périlleux à l'aide de piliers massifs que l'on construit par intervalles.

On soulève la pierre sur un plateau appelé *haquet,* avec des grues que meut une roue de bois. L'opération la plus difficile est d'enlever le moellon qui se trouve au-dessous du dernier banc. Pour en venir à bout, le carrier est obligé de se coucher tout de son long sur la paille, pour couper la pierre au moyen d'une *esse:* c'est un marteau en croissant.

Souvent aussi il faut faire éclater de très gros morceaux de pierre ; la mine que l'on emploie à cet effet consiste en un trou qu'on charge comme un canon, en ayant soin de remplir d'un coulis de plâtre le vide que laisse la poudre.

Les pierres, une fois sorties de la terre, sont d'abord assez tendres ; puis l'air les durcit ; on les pose sur leur *lit,* c'est-à-dire dans la même position qu'elles avaient dans la carrière ; plus tard, quand on construit le bâtiment, on les place de la même manière ; autrement elles seraient exposées à se fendre à la gelée.

Les meules se trouvent presque taillées ; elles sont opaques, très dures, remplies de trous. Souvent, pour les tirer, il faut élargir l'ouverture du puits dans toute sa hauteur ; on les enlève à l'aide d'un treuil et d'un câble. Si ce câble a été mal disposé (ce dont on s'aperçoit dès le premier mouvement de la roue), il importe de changer tout de suite sa disposition sur la pierre au fond de la carrière ; faute de cette utile précaution, plusieurs ouvriers ont perdu la vie.

On rencontre dans les pays du Nord des grottes qui

semblent des carrières creusées par la main de Dieu lui-
même, tant les murs en sont élevés, tant l'œil se perd sous
leurs sombres arcades.

LE TAILLEUR DE PIERRE

Quand une fois la pierre est extraite de la carrière, il
s'agit, pour le tailleur de pierre, de la couper sur les
dessins et cartons que lui fournit l'*appareilleur :* c'est le
nom que l'on donne à l'ouvrier qui trace la coupe des
pierres.

Pour ce genre d'ouvrage, il commence par faire le *lit
de la pierre,* c'est-à-dire par l'unir à coups de marteau ;
il se sert à cet effet du marteau *bertelé* et d'une pioche
dont le fer a deux côtés pointus à chaque extrémité. Le
premier de ces instruments sert à perfectionner l'œuvre
que la pioche a seulement dégrossie.

Quand le lit est formé, l'appareilleur trace la pierre
d'après l'emplacement qui lui est destiné ; ensuite le tailleur prend, avec l'équerre, le *maigre* de la pierre sur les
parements, c'est-à-dire sur ses quatre faces : ce qui consiste à tracer tout autour, et sur les bords du bloc, une
raie qui doit diriger l'ouvrier dans sa taille. Il a grand
soin auparavant de creuser plus ou moins pour éviter
les trous et les défauts qui se trouvent fréquemment dans
ses parements.

La pierre ainsi disposée, l'ouvrier la taille en commen-
çant avec le ciseau et un maillet pour former plus nette-
ment les arêtes au bord ; ensuite il taille les parements
jusqu'au milieu. Puis, quand il a retourné la pierre pour
en tailler le dessous, il achève d'équarrir et d'unir tous les
parements.

Il y a deux sortes de scies : les unes sont garnies de dents, les autres n'en ont pas. Les premières servent à scier la pierre tendre. La seconde, appelée scie à grès, sert à séparer la pierre dure, qu'elle use par l'adjonction de poussière de grès dans le trait de scie ; la scie à **grès** est constamment mouillée pour empêcher l'échauffement.

Les Grecs attribuaient l'invention de la scie à Dédale ; de nos jours, plusieurs peuples, parmi lesquels on cite les habitants d'une partie de la Russie, ne paraissent point connaître encore l'usage de cet instrument.

LE SCIEUR DE LONG

Le métier de scieur de long est, sans contredit, un des plus fatigants que l'on connaisse. Obligés que sont ces pauvres ouvriers de partager en deux ou trois poutres les arbres les plus gros et les plus durs, je vous laisse à penser les sueurs que leur coûte une opération aussi pénible.

Ils ont une scie de deux mètres de hauteur; il faut être deux hommes pour s'en servir ; l'un se tient en bas, l'autre en haut sur le bois même; voyez-les baisser et lever ainsi le fer alternativement, pendant des journées entières. Vous comprenez que le scieur placé sous l'arbre doit le plus souvent fermer les yeux pour n'être pas aveuglé par la sciure qui vient inonder sa tête, son dos et ses épaules.

Une fois la poutre taillée, on l'ajuste au bâtiment, soit pour faire un plancher, soit pour renforcer les murs. Mais alors cette opération tient à l'art du charpentier; car, une fois son arbre scié, le scieur de long n'a plus à s'en occuper. C'est le charpentier qui met habilement en œuvre tous ces matériaux grossiers encore; c'est à lui que nous

devons ces toits si élégamment coupés, ces flèches si
hautes et si légères du dernier siècle, ces maisons composées de pièces de bois savamment combinées, qui se
démontent et se remontent avec la plus grande facilité,
ces espèces de villes toutes de charpente, destinées à être
embarquées, comme celles qui servirent à Napoléon, à
Boulogne; ce sont encore des charpentiers qui peuvent
jeter en quelques heures sur une rivière un pont de bois,
où sans aucune crainte passeront immédiatement après
toute une armée, tout un peuple d'habitants.

Les scieries mécaniques débitent aujourd'hui le bois
avec bien plus de vitesse et de netteté que par le passé,
en épargnant surtout au menuisier la peine de raboter les
aspérités que les scieurs laissaient d'ordinaire à la surface
des bois qu'ils mettaient en œuvre.

LE MAÇON

L'art du maçon est un des plus utiles à la société; aussi
la maçonnerie date-t-elle des premiers temps connus.

Il est bien intéressant de voir une maison s'élever depuis
ses fondements jusqu'à sa cheminée (que couronne un
joyeux bouquet), de la voir étendre ses ailes, ouvrir ses
fenêtres, ses portes, et déployer son luxe de pierres.

Les maçons nous offrent le spectacle d'une armée laborieuse, depuis le manœuvre qui gâche le plâtre, qui le
tamise, qui monte l'*oiseau* sur ses épaules, jusqu'à l'ouvrier
qui pose la pierre, l'*équarrit* au besoin, consulte son plan
et appelle ses compagnons par des cris si plaisants.

Rien de plus ingénieux aussi que cette chaîne de bras
par laquelle mille moellons sont montés comme par
enchantement jusqu'au faîte d'un édifice. Faut-il apporter

des pierres de taille, vous voyez les maçons s'atteler à des chariots plats, à roues petites, mais larges.

Après tout, le maçon offre un singulier mélange d'activité et de paresse. Voyez un bâtiment en construction ; sous les yeux de l'inspecteur, cela va à merveille ; mais descendez dans les détails, et vous vous apercevrez de la lenteur de ces ouvriers.

Quant aux maçons sans travail à Paris, le lieu de leur rendez-vous est la place de Grève : dès le matin, on est sûr de les trouver dans les cabarets, sur le quai, ou devant l'horloge de l'hôtel de ville, ayant sous le bras la moitié d'un pain de quatre livres, le visage blanc des travaux de la veille, et les habits enduits de plâtre sur toutes les coutures.

Des échafaudages mal disposés ont souvent causé de grands malheurs. Aujourd'hui, quand on veut élever des bâtiments, on construit des planchers solidement supportés par de grosses poutres ; puis on y pratique de petits escaliers en bois, bien plus sûrs que les échelles, qui fréquemment ployaient sous la charge.

Les matériaux qu'on emploie dans la construction d'une maison sont assez nombreux. La pierre, mise au premier rang, se divise en deux classes : les pierres dures et les tendres.

Les pierres dures les plus connues à Paris sont le *liais,* qu'on tire des plaines de Maisons, de Creteil et d'Arcueil ; la pierre de *roche,* que l'on extrait des fonds de Bagneux et lieux environnants ; la pierre que l'on tire de Passy, de Sèvres, de la chaussée de Bougival, de l'Ile-d'Adam, etc.

La maçonnerie joue un très grand rôle dans la bâtisse. En tout *devis* d'une maison ordinaire, elle constitue à peu près la moitié de la dépense. On la compose avec du mortier de chaux et de sable, du moellon de bonne qualité, tiré de la carrière un an d'avance, afin qu'il soit plus sec. On emploie en beaucoup d'endroits diverses espèces de grès ; la pierre à fusil est de même en usage dans la

Normandie, sous le nom de *bizard*. Quelques cantons se servent aussi de la pierre à plâtre comme moellon, à défaut de matériaux meilleurs.

La brique est d'un grand usage en Angleterre et en Italie. Cuite à un degré convenable, dure, sonore et compacte, sa légèreté la rend précieuse ; les anciens s'en servaient beaucoup ; on trouve encore, en Asie, des pans de murs entièrement construits en briques. L'usage en est conservé, comme on le voit ; mais ce qui s'est perdu, c'est le ciment des Romains, qui donnait à leurs monuments une durée éternelle.

La profondeur à laquelle on creuse les fondations d'un bâtiment varie selon la nature du sol et l'importance de la construction ; on donne habituellement à ces fondations un huitième, un dixième, un douzième de la hauteur totale des murs qu'on veut élever.

La construction des cheminées ne présente pas de difficultés ; toutefois il faut quelque sagacité pour les placer dans les murs de la manière la plus convenable. Autrefois on se contentait de les élever perpendiculairement, et de les adosser les unes devant les autres à chaque étage ; mais il en résultait une masse de constructions qui surchargeaient les planchers.

L'usage est d'adosser les cheminées aux murs latéraux de l'édifice, et jamais opposées au jour. Assez récemment, on s'est imaginé de les attacher à des murs de face, en les plaçant dans l'embrasure d'une croisée avec un tuyau incliné. La croisée qui surmonte la chambranle de la cheminée remplace la glace.

A propos de croisée, ce nom vient des croix de pierre qui, au xve et au xvie siècle, divisaient les baies des fenêtres en quatre parties inégales. Le nom de fenêtre, qui n'est pas moins usité, nous vient des Grecs, et signifie *éclairer*.

Chez les anciens, les fenêtres étaient, en général, étroites et fort petites ; elles avaient le plus souvent l'air de simples crevasses. Il paraît cependant que, dans certaines maisons de campagne, il se trouvait des appartements, des salles à manger, des galeries, etc., garnis de grandes fenêtres.

Dans les ruines de Pompéi, on n'a trouvé que fort peu de maisons qui eussent des fenêtres sur la rue ; encore ces fenêtres ne paraissent-elles avoir été faites que pour donner du jour ; elles étaient percées si haut, qu'on ne pouvait s'y placer pour voir au dehors.

Les fenêtres se fermèrent d'abord avec des volets ; ce ne fut que bien tard qu'on y adapta des vitres. On a pourtant trouvé à Herculanum des fragments de verre plat, qui feraient penser qu'on employait aussi le verre à cet usage.

LE CHARPENTIER

Les premiers hommes, ignorant les trésors que la terre renferme dans son sein, et ne connaissant que ses productions extérieures, coupèrent des bois dans les forêts pour bâtir leurs premières cabanes ; ensuite ils s'en servirent pour élever des bâtiments plus considérables. Voilà la première origine de l'art du charpentier, qui semble remonter ainsi aux premiers âges du monde.

Le charpentier fait tous les ouvrages en gros bois qui entrent dans la construction des édifices : c'est aussi par le secours de la charpente que l'on confectionne des machines capables de soulever les plus grands fardeaux, que l'on construit des ponts, des digues, des jetées, des navires, etc.

La charpente est sans contredit une des parties les plus essentielles d'une maison. Sans charpente, à quoi servi-

raient les pierres ? à élever des murs, rien que des murs,
tout droits, tout nus, sans divisions d'étages, sans plafonds,
sans intérieurs, sans compartiments d'habitations. C'est la

Habitations lacustres en Suisse.

charpente seule qui constitue la maison ; elle est comme
les ossements, les veines, les artères de ce grand corps,
qui n'aurait aucune forme, aucun nom connu, aucune

utilité, enfin qui ne serait rien sans elle. Les Chinois ont fait plus : ils ont toujours adopté dans leurs constructions le bois de préférence à la pierre ; ils possèdent, en effet, des bois, les uns précieux, les autres de la plus grande solidité ; c'est ainsi qu'ils ont notamment le *nammou*, sorte de cèdre dont la durée est incalculable. En France, tous les bois ne sont pas bons pour la charpente ; le chêne est le plus raide, le moins cassant ; on l'emploie donc le plus habituellement.

Une des connaissances les plus indispensables dans l'art du charpentier est la science du trait. Quand les pièces de charpente ont été taillées sur les traits d'un homme habile, elles réunissent la propreté à la solidité ; dans le cas contraire, elles ne sont point d'aplomb, elles portent à faux et offrent à l'œil un ensemble désagréable.

Les principaux outils du charpentier sont la cognée, la besaiguë et la scie.

Aux premiers âges du monde, la charpenterie a joué un rôle extrêmement considérable, comme nous le voyons dans les restes des habitations lacustres de la Suisse. Le premier besoin des hommes fut de se défendre contre les bêtes féroces qui pullulaient alors dans les forêts. Pendant que les uns se retiraient dans les profondes cavernes ouvertes au flanc des montagnes, ou s'établissaient sur des promontoires élevés défendus de toutes parts par des escarpements, les autres, descendant dans la plaine, bâtissaient leur demeure au confluent de deux rivières, ou campaient au milieu des lacs : ils y trouvaient une défense assurée, des ressources pour l'alimentation, et un moyen de circulation prompt et commode sur leurs canots.

Il est facile de rebâtir par la pensée les cabanes lacustres de ces peuplades antiques. On aperçoit encore au fond des lacs les rangées de pilotis qui soutenaient ces cabanes reliées au rivage par un pont de bois que signale une autre rangée de pieux ; les poutres carbonisées qu'on retrouve au milieu de ces pilotis ne sont que les restes de

la plate-forme solide qui s'élevait à quelques pieds au-
dessus des vagues ; les murs étaient formés de branchages
entrelacés et de plaques d'argile durcie au feu ; le toit
conique qui les couvrait est représenté au fond des eaux
par une mince couche de roseaux et d'écorce : enfin les
pierres du foyer sont tombées au-dessous de la place
qu'elles occupaient, avec les objets divers qui formaient
l'ameublement grossier de ces maisons lacustres. Les
troncs d'arbre creusés qui gisent enfouis dans la vase à
côté de ces débris étaient les canots de pêche ou de guerre.
Rien n'a échappé aux regards intelligents de l'antiquaire.
On a même pu calculer le diamètre de ces demeures, et
en compter le nombre, qui s'élevait dans les grandes cités
à deux ou trois cents.

Ces populations primitives, avec les instruments les plus
grossiers et les plus imparfaits, ont exécuté de gigantesques
travaux. Ignorant l'usage des métaux et n'ayant à leur
service que des outils de pierre et les charbons de leurs
foyers, elles abattaient des arbres énormes, les sciaient en
planches, les taillaient en pilotis ou les creusaient en
canots. Certains de leurs villages sont assis sur plus de
quarante mille pieux, ce qui suppose le labeur incessant de
plusieurs générations. Avec les mêmes instruments elles
creusaient des tranchées profondes, élevaient des tertres,
cultivaient la terre, et se livraient à tous les travaux de
l'agriculture, de la chasse et de la guerre. On peut donc
dire que les *palafites* ou *cités lacustres* sont le chef-
d'œuvre de la charpenterie primitive.

LE COUVREUR

Voilà une maison bâtie, sa solidité est assurée, les quatre murs s'élèvent à la même hauteur et promettent de n'être pas humides ni malsains ; mais croit-on que cela suffise ? Non ; car l'air viendra d'en haut, la pluie tombera du ciel et remplira l'habitation nouvelle. Pour se garantir de ces inconvénients, il a fallu que l'homme prît exemple sur la nature ; il remarqua donc que les arbres avaient, dans leurs feuillages épais et arrondis, comme un dôme qui protégeait le tronc, et l'homme couvrit sa maison.

Dès les siècles les plus reculés, quand l'homme se logeait dans des huttes en bois, il se faisait déjà des toits à l'aide de roseaux, de feuilles sèches et de gazons. Comme sa vie était errante, il ne songeait qu'à se préserver d'un orage semblable à celui de la veille ; c'était le cri de la nécessité plus que celui du besoin ou d'un goût naturel.

Chez les Indiens, on rencontre encore de ces habitations grossières. Dans nos villages, on entasse la paille et la mousse sur de frêles cabanes bâties avec du ciment boueux et des cailloux de grandes routes. La couverture en chaume peut être très solide, quand on a eu soin de donner à la charpente du toit une pente qui ne soit ni trop lente ni trop rapide. Les toitures en roseaux, qui exigent plus d'art que celles en chaume, sont aussi bien plus solides ; on les raccommode très aisément, en substituant des javelles neuves à celles que le temps a pourries.

Dans le nord de la Suède, les toits des maisons sont presque à plat ; on couvre seulement d'écorce de bouleau les solives de l'escalier supérieur. A mesure qu'on avance dans les pays septentrionaux, vers le Kamtchatka et la

Laponie, on voit des cabanes entièrement construites en terre, ou bien avec des os ou des peaux de chiens de mer; ces cabanes ne reçoivent d'air et de lumière que par un trou qui sert en même temps de cheminée. Plaignons les habitants de ces misérables huttes.

On couvre certains édifices en plomb, en lames de cuivre ou en tôle de fer. Grand nombre de nos cathédrales gothiques furent surmontées de ces coiffes métalliques, entre autres celle de Saint-Denis, que Dagobert Ier, son fondateur, orna d'un toit de plomb.

On cite plus de dix manières différentes de couvrir les bâtiments. On les couvre avec du chaume, avec du roseau, avec du bardeau, avec de la tuile, avec de l'ardoise, sorte de pierre feuilletée qu'on tire de certaines carrières ; avec des laves, pierre plate qu'il faut se garder de confondre avec la lave des volcans; avec de la tourbe, avec des planches, avec de la terre, du ciment, enfin tout ce qui est impénétrable à la pluie ; car dans un pays où il ne pleuvrait jamais, comme à Lima au Pérou, il suffirait à l'homme de la plus faible cloison pour le protéger contre les intempéries de l'air. Dans notre pays, naturellement humide, on garantit le pied et la tête des bâtiments.

Les tuiles et les ardoises se clouent sur des lattes ou s'accrochent les unes sur les autres : rien de plus joli à l'œil que les ardoises, car elles présentent un plan bien uni ; elles ont toutefois l'inconvénient de s'amollir à la pluie et d'éclater au feu.

Naples possède le *lastrico,* sorte de couverture particulière : c'est un ciment formé de chaux et de terre dite *pouzzolane,* qui couvre le dessus des maisons construites en terrasses. Quand le soleil se couche dans le golfe, c'est un spectacle délicieux que de voir les habitants assis sur ces terrasses, au milieu d'arbustes odoriférants, et respirant l'air pur et frais du soir.

La manière de travailler des couvreurs est chose tout à la fois effrayante et curieuse, surtout dans les villes où les maisons ont cinq à six étages. Ils échafaudent d'ordinaire sur des chevalets de pied ou des chevalets rampants, dont le côté perpendiculaire s'appuie contre le mur et contre le toit. Mis à quatre mètres les uns des autres, ils soutiennent une échelle recouverte de planches, de sorte qu'un ouvrier peut se tenir assis, à genoux ou debout. Si le toit est raide, on se sert d'une corde nouée pour y travailler. Alors le couvreur attache à chacune de ses jambes un *étrier*, en cuir, composé de deux *jambiers* retenus par des jarretières. Ces jambiers se réunissent à un crochet de fer qui se joint aux nœuds de la corde, et à la même estrade on attache une sellette sur laquelle le couvreur s'assied. Quand il s'élève à l'aide d'une corde nouée, il est obligé de décrocher l'un après l'autre les deux étriers attachés à ses jambes, puis la sellette, pour les remonter à un nœud supérieur; cette opération est aussi longue que difficile.

La classe des couvreurs est aussi intéressante par son courage que par les dangers et les fatigues auxquels l'expose un métier si pénible.

LE PLOMBIER

Le plombier est cet ouvrier qui fond le plomb, le vend façonné, et le met en œuvre dans toutes les parties de nos bâtiments et de nos édifices publics.

Le plomb est, ainsi que l'étain, une des substances métalliques dont les hommes ont fait le plus anciennement usage, à raison de l'abondance de ses minerais et de la facilité avec laquelle on peut en extraire le métal. Les alchimistes lui ont donné le nom de *Saturne*, soit parce qu'ils le regardaient comme le plus ancien des métaux, soit parce qu'ils lui attribuaient la propriété de détruire en apparence tous les autres métaux, comme la Fable disait que Saturne, le père des dieux, avait mangé ses enfants.

Les usages du plomb sont très multipliés : réduit en lames, on l'emploie à couvrir les édifices, à faire des tuyaux de conduite, des réservoirs, des chaudières, des chambres pour la fabrication de l'acide sulfurique ; on le moule en balles de différents calibres ; on le convertit en grains plus ou moins fins pour l'usage de la chasse. Il entrait comme ornement dans les armures des anciens ; Homère parle aussi de l'usage de mettre des balles de plomb au bout des lignes à pêcher.

L'art de laminer le plomb était, sans aucun doute, connu des anciens Romains ; comme tant d'autres, il se sera perdu pendant les âges de barbarie ; c'est au commencement du dernier siècle que sa découverte fut renouvelée par un Français, nommé Rémond, qui s'avisa de faire passer le plomb entre des cylindres de fer. De nos jours, les cylindres du *dégrossi* et du laminoir proprement dit sont en acier.

La France est riche en minerais de plomb, mais elle possède peu d'usines pour les exploiter ; aussi tire-t-elle le plus souvent ce métal de l'étranger.

Le plomb est si commun, qu'il n'est personne qui ne connaisse ses principales propriétés.

Récemment fondu, il est d'un blanc bleuâtre et possède un vif éclat; puis l'action de l'air le ternit, le rend grisâtre. Il tache les doigts et leur communique une odeur désagréable; il est si mou, que l'ongle le raye sans peine, que les ciseaux l'entament, et qu'on peut le plier plusieurs fois en sens inverse sans le briser. Il n'a aucune sonorité ; il est peu ductile, mais très malléable : ce qui le rend si précieux comme couverture.

Le plombier a pour spécialités principales de couler le plomb en tables, en tuyaux, ou de le laminer. Mais c'est un métier dangereux ; car le plomb, sous quelque forme qu'on l'emploie, produit de funestes effets ; ceux qui le travaillent aspirent ou les vapeurs qu'il exhale quand on le fond, ou la poussière toute chargée des molécules qui s'en dégagent ; aussi maintenant la plupart des ustensiles de plomb sont-ils remplacés par l'étain pur, ou allié à une petite portion de plomb seulement.

Parmi les sels qu'on obtient du plomb, le plus connu est la céruse ou blanc de plomb ; elle sert à peindre en blanc les bois et les meubles, et se mêle parfaitement à l'huile, conserve sa couleur et jaunit beaucoup moins avec le temps que les autres couleurs blanches.

Pendant quelque temps on a donné aux cartes de visite l'apparence de l'émail ou de la porcelaine, en les vernissant d'une couche de céruse et en les soumettant au frottement d'un cylindre d'acier poli, qui fait naître un lustre très brillant. Vous n'avez qu'à présenter une de ces cartes à la flamme d'une bougie, vous apercevrez bientôt, à la surface du charbon, de petits globules métalliques ; et en secouant la carte à demi brûlée, il en tombera de petites parcelles qui brûleront rapidement en traversant l'air.

LE SERRURIER

L'art du serrurier tient une des premières places parmi ceux qui concourent au bien-être de nos habitations ; il est, comme eux, indispensable ; sans serrurier, aurions-nous des grilles, des balcons, des rampes, le moyen de ferrer nos portes, de clore nos croisées, de nous enfermer chez nous, enfin de nous y trouver en sûreté contre les atteintes des malfaiteurs ? Quoique le serrurier soit redevable de son nom au mot *serrure,* la confection d'une serrure n'est plus cependant, de nos jours surtout, qu'une des mille variétés de son industrie. Disons plus, la serrure est devenue un objet de fabrication spéciale, exploitée en grand, qui alimente les serruriers eux-mêmes, dans l'impossibilité où ils se trouveraient de les fabriquer à si bon marché. Cette fabrication s'applique à la serrure ordinaire ou de pacotille. Quant à la serrure de sûreté, à combinaisons, à secrets, elle a produit des merveilles ; elle a pour représentants d'habiles mécaniciens, de véritables artistes, de grands *serruriers* dans la plus haute acception du mot.

Toutes les espèces de travaux également utiles, que produit la serrurerie, n'ayant pourtant pas un intérêt d'origine et d'histoire aussi curieux que la modeste *serrure,* qui est restée si longtemps le type patronymique de l'art, nous croyons intéressant, après avoir parlé de l'état de perfection et de luxe auquel elle est parvenue de nos jours, de dire un mot sur ce qu'elle était primitivement chez les anciens : le contraste semblera des plus piquants.

Dans les temps les plus reculés, on n'avait pas besoin de serrures pour fermer les portes des maisons ; on se contentait d'attacher sa porte avec des cordes ; le nœud de la corde faisait l'office de la serrure. Ce moyen n'avait, on en conviendra, rien de bien compliqué, rien d'ingénieux. On en vint donc à s'aviser de placer transversalement devant la porte un verrou en bois supporté des deux côtés sans doute ; on fixait dans ce verrou, pour le lier à la porte, un morceau de fer ovale creusé, muni d'un écrou à vis ; une petite tige de fer garnie d'une vis tenait lieu de clef. Voulait-on ouvrir cette espèce de petite serrure, on vissait la clef dans le fer ovale creux, et on le retirait ; alors la porte, détachée du verrou, s'ouvrait, et on ôtait celui-ci. C'est ainsi qu'on ouvrait les portes lorsqu'on se trouvait dans l'intérieur de la maison. S'agissait-il de fermer ou d'ouvrir quand on était en dehors, un trou assez grand pour y passer la main, pratiqué dans la porte, permettait d'enfoncer la noix (ou fer ovale creux) dans le verrou ou de la retirer. Il est évident qu'il ne fallait pas être pressé de rentrer chez soi ou d'en sortir, pour se livrer à une pareille manœuvre ; de nos jours, en bien moins de temps, un serrurier poserait une serrure, et un larron habile viendrait à bout d'un verrou de sûreté.

A cet appareil vraiment étrange, dont on se servit bien longtemps encore pour fermer les portes des maisons et celles des villes, succéda la serrure dite *lacédémonienne*. Cette dernière consistait en un verrou en fer ; celui-là ne passait pas transversalement par-dessus ou par devant la porte tout entière, comme le verrou en bois de l'ancienne serrure, mais s'appliquait seulement par devant, du côté où la porte s'ouvrait, et dans l'intérieur de la chambre. Cette serrure n'exigeait pas non plus qu'on fît un trou dans la porte, ce qui ne devait être, en effet, ni gracieux à l'œil ni très commode ; mais pour l'ouvrir, lorsqu'on était en dehors, on enfonçait la clef dans une petite ouverture ménagée à cet effet ; et c'est ainsi qu'on soulevait le verrou. Dans la suite, on perfectionna la serrure lacédémonienne en plaçant le verrou dans une capsule de fer pour le mettre plus en sûreté ; elle avait quelque ressemblance avec nos propres serrures.

Un autre genre de fermeture infiniment plus simple, dont je n'ai rien dit encore et qui nous semblerait aujourd'hui bien imprudent, est celui-ci. Certaines personnes se contentaient d'apposer leurs cachets sur leurs portes, au lieu de les fermer à clef : elles se croyaient ainsi fort en sûreté chez elles. Il est vrai que d'autres, en revanche, poussaient la précaution jusqu'à ne pas même se contenter de la serrure lacédémonienne, et plaçaient dans l'intérieur de leur chambre un second verrou qui ne pouvait s'ouvrir du dehors ; il servait pour s'enfermer chez soi.

Nous avons raconté l'enfance ridicule de l'art ; il n'appartenait qu'aux derniers siècles de lui donner la vie, à cet art, et insensiblement de le perfectionner. En voici la preuve. Dès 1699, un professeur de mathématiques du nom de Papin inventa une serrure d'une construction si singulière, que, bien qu'on eût remis la clef entre les mains de quelques serruriers fort habiles, en présence desquels Papin avait ouvert et fermé plusieurs fois la cassette où cette serrure était attachée, ceux-ci ne purent jamais la rouvrir. Le secret des Fichet et des Lepaul ne serait donc pas nouveau : il aurait aujourd'hui plus de cent cinquante ans de date.

LE VITRIER

Il y en a de deux sortes : le vitrier ambulant et le vitrier-peintre. Parlons d'abord du premier.

Le vitrier ambulant est originaire du Piémont, du Limousin ou de quelque autre province méridionale. Un soir, à la veillée, dans la cabane paternelle, un *pays* lui raconte comment, dans son état de vitrier, il a longtemps parcouru le monde et amassé un capital qu'il se propose d'augmenter par une nouvelle excursion. Alors le jeune paysan s'anime ; il se voit déjà sur la route de Paris et de la fortune ; il part donc sous la conduite d'un compatriote expérimenté.

Peu d'établissements sont moins coûteux à fonder que le sien : moyennant trente et un francs, il en est quitte. Deux francs cinquante centimes dans les bonnes journées, voilà le gain du vitrier ambulant ; mais il est sobre, rangé, économe ; il s'associe à quelques-uns de ses *pays*, et paye sa part d'une chambre commune hors barrière ou dans les environs de la place Maubert. La femme de l'un d'eux tient le ménage et apprête les vivres, que chacun achète à tour de rôle.

Au bout de quelques années, le vitrier nomade sent le besoin de revoir son clocher ; il retrouve sa fiancée, l'épouse, et entreprend une nouvelle campagne afin de gagner un patrimoine à sa postérité future. Il continue ainsi jusqu'à ce que, glacés par l'âge, ses membres lui refusent toute espèce de service. Le vitrier ambulant n'est qu'un membre infime de la grande famille des vitriers-peintres.

Quand les entrepreneurs de peinture-vitrerie ont d'importantes commandes, ils enrôlent quelquefois sous leurs bannières des vitriers ambulants. D'un autre côté, pendant l'hiver, il y a des ouvriers peintres inoccupés qui endossent le portoir. Malgré cet échange de positions, malgré la parenté qui les lie, les vitriers ambulants et les ouvriers peintres forment deux classes distinctes, dont la seconde se divise à l'infini. Il y a, en effet, dans les grands établissements de peinture-vitrerie, une multitude d'ouvriers qui ont des attributions différentes.

Le peintre en bâtiments est employé à barbouiller, tant bien que mal, les parquets, les murs et les escaliers ; le peintre d'ornement peint les enseignes, les figures, les statues, les arbres et les fonds de théâtre ; le peintre de lettres inscrit sur la devanture des boutiques le nom des commerçants qui les occupent ; le peintre de décors imite, par d'habiles combinaisons de couleurs, les marbres, les bois, le jaspe, le noyer, le chêne et l'acajou. Il est encore d'autres ouvriers exclusivement chargés les uns de coller du papier, les autres d'entretenir les meubles ; ceux-ci de mettre en couleur les carreaux et les parquets, ceux-là de poser les carreaux de vitres. Un propriétaire, en faisant remettre en état un appartement dégradé, est tout étonné de voir défiler devant lui une légion de travailleurs. Jean donne une dernière couche à la colle et s'arrête, parce que la seconde couche à l'huile n'est pas dans ses attributions. Pierre peint les châssis d'une croisée et s'en va, laissant la bise siffler dans la chambre, en attendant qu'il plaise à Matthieu de placer les carreaux.

L'ouvrier peintre possesseur de quelque argent se marie et se métamorphose en vitrier-peintre ; il fonde un établissement modeste où il cumule audacieusement toutes les variétés de la peinture-vitrerie. Sa boutique est décorée de lithographies, de gravures à l'aquatinta, de caricatures et d'images coloriées. Avez-vous des carreaux à remettre, des chambres à tapisser, des meubles à nettoyer, des cadres à dorer, des parquets à cirer, des tableaux à encadrer ou à revernir, le peintre-vitrier est prêt ; il entreprend, au plus juste prix, tout ce qui concerne son état. Quelle joie surtout pour lui d'avoir une enseigne à peindre ! de quels transports il est saisi quand on lui propose d'embellir une taverne d'un cep de vigne, un restaurant d'une matelote, une pharmacie d'un vase étrusque, un café d'une bouteille de bière pétillante ! C'est que le vitrier-peintre était né, le plus souvent, avec le goût des arts : jeune, il charbonnait les murs de la maison paternelle ; mais, sans ressources pour étudier et pour vivre, il est tombé de la sphère des artistes dans celle des artisans. Raillerie à part, que de capacités ainsi perdues sommeillent engourdies par la pauvreté !

L'industrie des fabricants de verre et des vitriers est menacée par une découverte récente. On vient de trouver le moyen de durcir ou de tremper le verre, de manière à lui communiquer une résistance extraordinaire au choc et à la chaleur. Des morceaux de verre ainsi préparés ne se brisent pas quand on les laisse tomber, même d'une hauteur considérable, quand on les frappe, même fortement ; enfin quand on les fait passer brusquement d'une température à une autre. L'inventeur de ce procédé, M. Alfred de la Bastie, a pris un brevet d'invention en 1875.

Pour durcir le verre, il faut d'abord le porter à une haute température, puis le plonger subitement dans un liquide particulier. Tous les liquides ne sont pas propres à tremper le verre, et parmi ces derniers il y a des degrés bien différents. En effet, les uns doublent, les autres quadruplent, d'autres décuplent la solidité du verre. Il en est enfin qui portent cette solidité à son maximum, degré évalué à plus de cinquante fois celle du verre ordinaire. Le verre trempé conserve la même forme qu'il avait avant de subir cette opération.

Si les frais de trempe devaient augmenter le prix du verre dans des proportions considérables, il y aurait peu d'espoir de voir se généraliser l'usage du verre trempé. Heureusement il n'en est pas ainsi, et quand les brevets seront expirés, le verre n'augmentera pas beaucoup de valeur, tout en fournissant une durée incomparablement plus longue. Voici un détail qui permettra de juger de la modicité du prix de revient de la trempe. Un four dont la construction n'est pas très coûteuse, desservi sans interruption par deux ouvriers et un manœuvre, et usant moins de quinze francs de combustible, peut tremper, en vingt-quatre heures, 8,000 à 10,000 verres de montre.

Là même où la solidité du verre était jusqu'à ce jour une condition indispensable, et où l'on ne pouvait l'obtenir que grâce à des épaisseurs considérables, il y a un abaissement sensible des prix, à cause des moindres épaisseurs employées, et qui donne cependant plus de force ; ainsi des vitres pour couvertures exposées à la grêle, des devantures de magasins, des glaces, etc.

LE BADIGEONNEUR

Gare à nous qui passons devant une maison qu'on blanchit. Là-haut, suspendu sur sa planchette, que retiennent les nœuds d'une grosse corde, le badigeonneur agite son grand pinceau en forme de balai. Le malicieux ouvrier aérien tache plus d'un habit fin, plus d'une robe de soie. Au fait, que devons-nous être pour lui, qui nous domine tous quand il nous voit du haut des combles ! Là-haut il chante, il rit, se balance. Toujours suspendu sur l'abîme, toujours à la merci d'une corde plus ou moins sûre, il a contracté l'habitude du péril, et pose avec fermeté ses pieds sur un mur à pic, qui ne lui prêterait aucun appui en cas de chute. A sa droite pend un petit seau renfermant le badigeon, dans lequel il trempe avec assez de peine son énorme pinceau.

C'est l'Italie qui nous a envoyé nos badigeonneurs modernes ; autrefois on construisait des échafaudages incommodes, dès qu'il s'agissait d'ôter à une maison sa couleur antique et sombre.

Faire badigeonner est une mode de nos jours. Il serait pourtant bon de conserver à un vieux monument la teinte foncée qu'y ont incrustée les siècles. Les clochers bruns, les tours grisâtres, parlent aux yeux comme au cœur. On se reporte alors volontiers vers le temps où furent élevés les palais, les églises, les maisons de nos ancêtres : y appliquer le pinceau est un véritable sacrilège. Que diraient les chanoines de Notre-Dame de Paris, si, revenus au jour, ils voyaient l'intérieur de la cathédrale plâtré de *jaune,* couleur déclarée infâme au moyen âge ? car, en ce temps, quand un seigneur avait levé l'étendard de la révolte contre son prince légitime, on couvrait de jaune la façade de son château pour indiquer que son ancien maître était déshonoré, déclaré traître à Dieu, à son roi, à son pays.

Tout cela n'empêche pas les badigeonneurs d'étendre sur tous les murs leur enduit de terre, qui se fait avec de la poudre de pierre de Saint-Leu détrempée dans l'eau, à laquelle on ajoute un vingtième d'alun.

LE MARBRIER

Le marbre est une pierre dure, nuancée ordinairement de veines et de taches de diverses couleurs. Plus ces taches sont vives et diversifiées, plus les marbres sont précieux ; il y a aussi des marbres d'une seule couleur, blancs ou noirs.

Le marbre blanc est très précieux ; on l'emploie pour les œuvres de sculpture ; celui de l'île de Paros était renommé pour sa blancheur éclatante et pour sa dureté. Les plus belles statues de l'antiquité ont été faites avec ce marbre, qui a quelque transparence. C'est du territoire de Gênes qu'on tirait tout récemment le plus beau marbre blanc connu ; depuis cinquante ans, on a trouvé dans les marbrières de Carrare des veines et des couches qui ne le cèdent aux anciens marbres de Paros ni pour la finesse du grain, ni pour la beauté de la couleur : la plus belle espèce est presque aussi dure que le porphyre.

Le marbre était connu dès la plus haute antiquité, du temps même d'Homère. Iris trouve Hélène occupée dans son palais à faire un voile éclatant ; Homère, en parlant de ce voile, dit qu'il était *brillant comme le marbre.* Pendant longtemps les marbres d'Égypte et de Grèce jouirent de la plus haute réputation ; mais de nos jours ils sont connus à peine d'un petit nombre de curieux, qui vont les admirer dans les ruines de l'ancienne Rome et dans d'autres villes d'Italie, de la Grèce, de l'Égypte, et à Paris au musée des antiques. Les plus curieux de ces marbres anciens, après celui de Paros, étaient le porphyre, l'ophis, le parangon, les sélénites, etc. Les palais des Romains ne paraissaient magnifiques qu'autant qu'ils étaient revêtus de marbres grecs.

De nos jours, les marbres se tirent de l'Italie, de l'Espagne, de la Belgique, des Pyrénées et de plusieurs autres points de la France. On a découvert notamment, en 1820, aux environs de Beauvais, une carrière de marbre depuis longtemps exploitée par des ouvriers qui n'en con-

Scieur de marbre à Carrare.

naissaient pas la nature ; elle occupe une étendue de vingt-quatre kilomètres de longueur ; plus on pénètre dans l'intérieur, plus les couches du marbre qui commencent à la surface augmentent en épaisseur. Ce marbre est très dur, susceptible du plus beau poli, et résiste aux plus violents acides. Mais une découverte bien plus curieuse,

4*

qu'on a faite dans ces dernières années en Angleterre, est celle d'une espèce de marbre *flexible*. Il en existe de grandes carrières à New-Ashfort. On peut se convaincre de son élasticité en posant une table de ce marbre sur une des extrémités et en appliquant sur l'autre une force médiocre, et de sa flexibilité en appuyant ses deux extrémités seulement sur deux supports, et dans une direction horizontale. Quelquefois un bloc n'est flexible que dans une partie de son étendue, tandis qu'il conserve sa dureté ordinaire dans le reste. On a prétendu expliquer la flexibilité et l'élasticité étonnantes de ce marbre par la dessiccation ; mais il paraît, au contraire, qu'en séchant il perd presque complètement ces deux singulières propriétés.

Les marbres se durcissent à l'air et deviennent plus compacts que dans la carrière. Tous n'ont pas non plus la même dureté. Il y en a de si tendres qu'on peut les tailler avec le tour, de si durs qu'on a beaucoup de peine à les scier, enfin de si cassants qu'ils s'égrènent quand on les travaille. Une fois arrivé à l'atelier, le marbre se scie de l'épaisseur que l'on désire. La scie des marbriers est sans dents ; sa monture est semblable à celle des menuisiers ; sa feuille, fort large, est assez forte pour scier le marbre, en l'usant peu à peu par le moyen du grès et de l'eau que le scieur y met avec une longue cuiller de fer. Une fois scié, le marbre se travaille avec divers ciseaux destinés à cet usage ; on y forme, avec les mêmes outils, les moulures et les différents dessins que l'ouvrage exige, ou que le goût de l'ouvrier peut lui suggérer.

C'est sous l'empereur Claude que les Romains commencèrent à teindre le marbre blanc pour en accroître la beauté, et lui donner la couleur qu'ils voulaient obtenir dans les mosaïques. Sous Néron, on diversifia les couleurs du marbre en y incrustant des morceaux colorés ; ce qui se fait encore aujourd'hui dans la mosaïque de Florance. On employait aussi diverses espèces de mastics, appelés *lithocolle*, pour coller les marbres. Souvent un groupe était travaillé par plusieurs artistes ; on en joignait alors les différentes parties, et on polissait si bien les jointures, qu'il n'en subsistait plus de traces.

Plusieurs espèces de marbre sont renommées pour leur couleur naturelle, comme la *brèche de Vérone*, d'un rouge pâle mêlé de jaune, de noir et de bleu ; le *vert de Suze*, veiné de noir et de vert sur fond blanc ; la *brocatelle*, nuancée des plus belles couleurs ; le *Narbonne*, à taches jaunes et blanches sur fond violet ; le *vert campan* ou vert mêlé de blanc et de teintes rouges ; le *bleu turpin*, le *serancolin*, de couleur isabelle, rouge et agate ; le *portor*, de Provence, d'un jaune et d'un noir très vif, et qui semble, en effet, porter de l'or ; le marbre *madréporique* de Mons ou marbre des Écaussines, appelé *petit granit*, à Paris, composé presque en entier d'osselets pétrifiés d'*encrinites*, comme un tas de blé se compose d'épis ; le *jaune antique*, dont les carrières, à ce qu'on croit, étaient en Macédoine et en Numidie, et qui a fourni les colonnes de l'intérieur du Panthéon de Rome, d'une hauteur de 8 mètres 80 centimètres d'un seul morceau ; les *brèches*, formées par une multitude de fragments anguleux de différents marbres, réunis par un ciment d'une couleur quelconque ; les *lumachelles*, entièrement composées de débris organiques, madrépores, coquilles, etc., cimentés par une pâte plus ou moins égale, et ayant parfois conservé, comme dans la lumachelle de Carinthie, les reflets de nacre les plus vifs ; enfin il existe dans les marbres des variétés infinies. On en trouve même un à Florence où semblent figurés des châteaux, des tours et des arbres.

Les marbres ne sont que des carbonates de chaux presque purs, à demi cristallisés par l'action d'un feu violent. Ces couches de carbonate de chaux ont été d'abord déposées au fond des eaux, et là elles ont enveloppé dans leur pâte encore liquide une multitude de débris organisés, particulièrement des coquilles. On peut encore facilement reconnaître la forme de ces coquilles dans certains marbres noirs, où ces débris fossiles forment des dessins blancs caractéristiques ; les matières animales qui sont demeurées mélangées dans cette pâte exhalent encore aujourd'hui, après tant de siècles, une odeur fétide. Après le dépôt de ces couches, l'action volcanique des feux souterrains est venue les surprendre, les élever à une haute température, et les métamorphoser en roches d'un aspect cristallin.

Maintenant le marbre blanc se colore à l'aide de diverses dissolutions. Le sel d'argent lui donne une couleur rougeâtre et brune ensuite ; le sel d'or, une couleur violette ; le sel de cuivre, une couleur verte ; le sang-de-dragon le teint en rouge ; la gomme, en beau citron ; la teinture de cochenille lui donne une couleur mêlée de rouge et de pourpre.

On a aussi trouvé le moyen de tracer sur le marbre des figures en relief. Cette opération est facile. A cet effet, on esquisse sur le marbre, avec de la craie, les figures qu'on veut produire ; on les couvre ensuite d'une couche de vernis fait avec de la cire d'Espagne dissoute dans l'esprit-de-vin ; après quoi l'on verse sur le marbre un mélange d'acides qui mangent le fond et laissent subsister les figures comme si on les eût fait graver à grands frais.

LE TAPISSIER

Le tapis est une couverture d'étoffe travaillée à l'aiguille ou sur le métier, qui sert de meuble dans nos maisons, qu'on étend sur les tables, les estrades, etc.

Les Babyloniens ont excellé dans ce genre d'industrie ; ils représentaient dans leurs tapis, avec un art infini, des figures de diverses couleurs ; ils s'en servaient communément pour mettre sous leurs pieds ; cet usage s'est conservé chez les Orientaux. Les tapis dits *de Turquie*, bien qu'on n'en ait jamais fabriqué dans ce pays, avaient autrefois beaucoup de vogue en Europe ; ils nous venaient de Perse, mais par la Turquie : voilà le motif de la fausse origine qu'on leur attribuait. Au surplus, ces tapis si vantés ont passé de mode depuis que nos célèbres manufactures françaises de la Savonnerie et d'Aubusson, l'une créée en 1604, l'autre en 1763, ont produit des tapis de pied bien supérieurs à ceux de Perse, tant pour la beauté du dessin et le fini du travail, que pour le choix de l'immense variété de fleurs qu'on y représente.

Il est juste cependant d'ajouter que notre manufacture de la Savonnerie a quelques obligations indirectes à l'invasion des Sarrasins en France. Sous Charles Martel, quelques ouvriers de cette nation s'établirent en Provence pour y fabriquer des tapis à la manière de leur pays. Ces sortes de tapis façon du Levant prirent faveur, quoique assez imparfaits ; leur fabrication se perpétua jusque sous le règne de Henri IV. C'est alors qu'un nommé Pierre Dupont, obligé pour vivre de travailler en tapisserie, se mit à étudier le point *sarrasinois,* à l'imiter, puis enfin à le perfectionner si bien, qu'il imitait toutes sortes de tableaux. Charmé de ses succès, le roi le nomma son tapissier ordinaire et le logea, lui et son atelier, dans le château du Louvre ; plus tard, Louis XIII fit transférer cette manufacture de tapis dans la maison de la Savonnerie, située à Chaillot, et dont elle a conservé le nom.

Rien de plus ingénieux et de plus curieux en même temps que les divers procédés de fabrication d'un tapis, surtout lorsqu'il est question de lui faire imiter des dessins ou des tableaux. Avec quels soins, quelle attention persévérante et surtout quelle célérité le travail au *point* s'exécute ! Le plus souvent l'œil du spectateur peut à peine suivre les mouvements des doigts de l'ouvrier.

Quant aux tapisseries de haute lice, elles sont, comme les tapis de pied, originaires de la Perse, qui en emprunta l'usage à la Médie, pays assez froid, où les tapisseries étaient un objet d'utilité tout autant que de luxe. Mais ce qu'il y a de remarquable en tout ceci, c'est que sur les tapisseries orientales se trouvaient peintes, tissues ou brodées les compositions les plus bizarres d'hommes, de plantes et d'animaux. Ce luxe passa des Perses aux Grecs, de ceux-ci aux Romains, surtout depuis qu'Attale, roi de Pergame, qui possédait de magnifiques tapisseries brodées d'or, eut institué le peuple romain héritier de ses États et de ses biens.

Il n'est point en Europe de manufactures de tapisseries qui puissent entrer en parallèle avec celles des Gobelins, fondée par Marc Comans et François Laplanche, en 1607, d'après lettres patentes de Henri IV. Si le digne Sully procéda à la création de ce magnifique établissement, ce fut, soixante ans après, le grand Colbert qui assura définitivement son existence, en le plaçant dans le local qu'il occupe encore de nos jours.

Nos tapisseries des Gobelins sont inférieures peut-être aux produits de l'Orient sous le rapport de l'éclat des couleurs ; mais elles peuvent être regardées comme des chefs-d'œuvre inimitables pour la correction du dessin, pour l'harmonie des couleurs et pour leur exécution si parfaite.

LE MATELASSIER

De quoi dépendent souvent nos actions du jour ? d'un sommeil tranquille. A quoi tient ce sommeil tranquille ? à un bon lit. Or ce bon lit, nous le devons aux soins de la matelassière.

Hélas ! pauvres femmes qui préparent le sommeil aux riches et s'endorment la plupart sur la paille ! car on ne gagne pas tous les jours à ce métier. Pour nous en convaincre allons place du Caire : là nous verrons nombreuse compagnie de ces malheureuses ouvrières avec deux cardes sous le bras, assises toute la journée en plein air, attendant qu'on leur dise : Venez.

Quand on leur donne un matelas à refaire, ces femmes commencent par amonceler la laine, et la battent avec deux espèces de baguettes ; ensuite elles la cardent en jetant de côté tout ce qui ne peut plus leur servir ; puis elles établissent ce qu'on a nommé un *métier*, c'est-à-dire quatre morceaux de bois percés de trous, dans lesquels s'enfoncent des chevilles. Sur ce métier se tend une première toile blanche unie ou à carreaux bleus et blancs ; on y place la laine ou le crin. Lorsque le matelas est ainsi façonné, bombé au milieu, et diminuant sur les bords, on le recouvre d'une seconde toile, que l'on coud à l'autre assez grossièrement ; puis enfin, pour retenir la laine à sa place, on pique le matelas de distance en distance avec de gros fil. Un petit tampon de laine remplit toujours les creux.

On a imaginé une sorte de machine pour carder la laine ; on n'a qu'à tourner, et l'ouvrage marche avec plus de précision et de rapidité que s'il passait par des mains lentes ou sujettes à se fatiguer. Cette invention offre d'ailleurs le grand avantage d'épargner aux matelassières le désagrément ou le danger de la poussière qui s'échappe de la laine ; en effet, on a vu plusieurs de ces femmes contracter, en cardant les matelas, les maladies des gens qui avaient couché dessus.

LE PEINTRE D'ENSEIGNES

Il y a longtemps qu'on a dit pour la première fois que les arts n'étaient point encouragés ; une vérité bien triste, c'est que la fatalité s'attache toujours aux grands talents.

Malheur donc à celui qui jette sur la toile un fait historique où se groupent et s'animent de nombreux personnages ! souvent son tableau, riche de dessin et de coloris, ne trouvera pas d'acquéreur ; l'artiste du second ordre, au contraire, qui va tracer un petit paysage ou représenter un intérieur de cuisine, avec sa batterie, ses plats et tous ses accessoires, recevra bientôt des mains de l'amateur la récompense de son travail facile. Le tableau de chevalet tue, en France, les grandes toiles.

Mais ces deux genres de peinture ne sont pas les seuls qui y existent. Non, non ! tandis qu'Horace Vernet ou Decamps, Sigalon ou Gudin, se renferment dans le silence de l'atelier et évoquent l'un les souvenirs de Rome, l'autre ceux de l'Orient, celui-ci l'Apocalypse, et celui-là l'Océan, des maîtres d'un plus bas étage stationnent dans la rue devant quelque magasin de nouveautés, de soieries, de rubanerie, devant un marchand de vin, etc. etc.

Remarquez cet air grave, attentif ; voyez-les sur leur échelle ; ou, s'ils en descendent, les voilà qui reculent de quelques pas pour mieux jouir de l'effet des demi-teintes et de la perspective.

Ce sont ces artistes-là qu'on appelle indignement *barbouilleurs* d'enseignes : on ne sait pas ce qu'il leur faut d'art pour composer sur des volets de bois une scène animée; de mémoire, pour se passer de modèles; d'inspiration, pour ne pas se laisser troubler par les cris de la rue ou par la chute des projectiles qu'on leur envoie fréquemment d'un cinquième étage.

Croit-on qu'il ne faille pas un grand talent d'invention, une dose toute particulière d'esprit, pour avoir peint cette enseigne : *Au signe de la croix,* avec un cygne qui nage ayant une croix sur le dos ?

Que de science historique dans cette autre enseigne, placée au-dessus d'un magasin d'épicerie, qui représente deux Américains du désert, tout nus, couronnés de plumes, tenant l'un un paquet de chandelles, l'autre un pain de sucre entourés de papier gris !

Et autrefois *la Truie qui file !* Ah ! si l'on encourageait la peinture d'enseignes, que de belles choses on verrait aux vantaux des boutiques ! Mais non, le gantier aima mieux suspendre sur la tête des passants de formidables mains de fer-blanc peintes en rouge ; le chapelier se contenta de clouer au mur des chapeaux ronds de cardinal ; le charcutier attacha à son auvent de longues chaînes de saucissons en bois. Or là dedans pas de peinture, pas d'art, pas de génie.

Contemplez pourtant mon honorable peintre d'enseignes, aux gros favoris, au nez en l'air, signe caractéristique de son état, au bonnet de soie noire, au visage inspiré. Il est en train de reproduire sur le mur des pampres, des ceps, des raisins blancs et noirs ; le marchand de vin contemple l'œuvre avec admiration les mains derrière lui; c'est qu'il sait que ces raisins appétissants éveilleront la soif de bien des gens, et qu'il sera difficile, après avoir vu son enseigne, de ne pas entrer chez lui.

Mais trêve de badinage : de quel avantage il serait en général, pour l'éducation en matière de beaux-arts, que les marchands confiassent les soins de leurs enseignes à des artistes de mérite ! De pareils sujets, bien choisis, traités avec goût, exposés sans cesse à la vue du public, l'habitueraient, sans qu'il s'en doutât, à voir de bonnes choses, à prendre le goût de la peinture ; et, sous ce rapport, les tableaux d'enseignes sont loin d'être à dédaigner ; ils concourent à l'embellissement d'une ville. Rome ne soignait pas moins l'extérieur de ses maisons que leur intérieur ; ses rues étaient belles et bien ornées.

III

VÊTEMENTS

LE FILATEUR

Presque tous les peuples attribuent à des femmes la gloire d'avoir inventé l'art de filer. Les Égyptiens prétendaient le devoir à Isis ; les Chinois en faisaient honneur à l'impératrice femme d'Yao ; les Lydiens, à Arachné ; les Grecs, à Minerve ; les Péruviens, à l'épouse de Manco-Capac, leur premier souverain. Il n'y a que les peuples barbares ou primitifs qui n'aient point connu cet art ; encore même, à défaut de fil, font-ils usage de moyens analogues assez ingénieux. Les peuples du Groënland cousent leurs vêtements avec des boyaux de chiens marins ou d'autres poissons, qu'ils ont l'adresse de couper très minces après les avoir fait sécher à l'air. Les Esquimaux, les sauvages de l'Amérique et de l'Afrique emploient aux mêmes usages les nerfs des animaux. On en usait de même, dans les premiers temps, chez les Grecs.

Tout corps souple et liant, ou dur et malléable, est susceptible d'être filé. Non seulement les végétaux offrent à la filature le lin, le chanvre et le coton, mais plusieurs arbres, arbrisseaux et plantes, recèlent des fils propres à faire des toiles ou des cordes; on en tire de l'écorce du genêt, de l'aloès, du houblon, de l'ortie. On file encore de la manière qui leur convient la soie du ver, la fourrure de toutes sortes de quadrupèdes : toutes matières, en un mot, qui ont assez de consistance pour être soumises à l'opération du peigne et de la carde.

Les métaux eux-mêmes ont été mis à contribution. On file le fer pour en faire des gazes et des tissus métalliques dont l'emploi s'étend à beaucoup d'usages, le cuivre, l'argent et l'or ; on file jusqu'au verre : les métaux, à la filière ; le verre, au moyen du feu. Le fil de tous ces corps durs et résistants ne se peut obtenir que par extension ; celui des corps filamenteux ou flexibles, provenant des végétaux, mou jusqu'à un certain point et plus ou moins souple, se forme par l'entortillement de ses parties, qui, ainsi pressées et liées, ont acquis une telle adhérence, qu'elles doivent plutôt se rompre que se désunir.

Parmi les matières qui mettent en œuvre tous les vêtements d'hommes et de femmes, le chanvre, le lin, le coton, la bourre de soie, la laine et le poil jouent le plus grand rôle ; les divers procédés par lesquels on assujettit à la filature les unes et les autres de ces matières sont aussi variés qu'admirablement ingénieux, grâce surtout aux machines merveilleuses dont nous sommes, depuis le commencement de ce siècle, redevables au génie fécond de nos mécaniciens. Au dernier siècle on ne voyait ces hommes si utiles s'occuper que d'automates, de têtes parlantes, de vrais jeux d'enfants ; mais, au commencement de celui-ci, la chimie venant à sortir de ses langes, la mécanique marcha d'un pas égal, puis une longue paix, en permettant à la France de se livrer aux arts industriels, multiplia les relations de peuple à peuple ; on visita l'Angleterre, qui montre avec orgueil les statues de Watt et d'Arkwright. Alors les ateliers se montèrent, timides d'abord, imitant les machines étrangères ; mais insensiblement le génie de la mécanique prit un rapide essor en France... Enfin aujourd'hui nous en sommes venus à ne plus redouter nos rivaux pour nos filatures.

LE TISSERAND

On donne ce nom à l'ouvrier dont la profession est de faire de la toile sur le métier ; cependant il est commun

Le lin.

à plusieurs autres, tels que ceux qui font les draps et quelques étoffes de laine.

On ne sait à qui on est redevable de l'invention de la toile. Quelques personnes ont prétendu que l'idée en était venue par l'observation du travail de l'araignée, qui tire de sa propre substance des fils presque imperceptibles, dont elle forme avec ses pattes ce merveilleux tissu que l'on appelle vulgairement sa toile, et qui lui sert comme de filet ou de piège pour prendre les mouches dont elle se nourrit. Cette supposition paraît assez fondée ; quoi qu'il en soit, l'idée des tissus à chaîne et à trame a pu venir également aux premiers hommes d'après l'inspection de l'écorce intérieure de certains arbres. On en connaît qui, à la rudesse et à la raideur près, ressemblent extrêmement à de la toile ; les fibres en sont arrangées l'une sur l'autre de travers et croisées presque à angles droits.

C'est aux Phéniciens qu'on attribue l'invention de la toile de lin, car il ne paraît pas que les anciens aient fait usage de toile de chanvre, bien qu'ils employassent, cinq siècles avant l'ère vulgaire, l'écorce de ce végétal pour fabriquer des cordes et pour étouper les navires.

Depuis les métiers Jacquart et les grandes entreprises de Richard-Lenoir, l'outillage du tisserand n'a cessé de progresser.

On a commencé à fabriquer des toiles avec le chanvre deux siècles avant les croisades ; ce ne fut pourtant que dans les XIIe, XIIIe et XIVe siècles que l'usage des toiles de chanvre se généralisa ; jusqu'à cette époque, la laine qu'on employait pour les vêtements était placée immédiatement sur la peau, ce qui n'était assurément ni sain ni agréable. C'est dès ce moment aussi que les lèpres qui affligeaient communément l'Europe vinrent à disparaître. L'usage des chemises fut donc un immense bienfait pour l'humanité.

Le nombre et la diversité des machines qui servent de nos jours au tissage sont incalculables, et il est bien douteux que, dans les siècles primitifs, on ait pu s'en procurer de semblables ou même d'analogues. Rien de plus simple que les métiers dont se servent encore aujourd'hui les tisserands en Afrique, dans les Indes et en Amérique : une navette et quelques grossiers morceaux de bois, voilà leurs seuls outils.

LE TANNEUR

La peau des animaux paraît avoir été universellement employée, dans les premiers temps, pour le vêtement de l'homme ; mais il s'écoula bien des siècles avant que l'on connût l'art de préparer les cuirs et de les rendre plus durables au moyen de certaines opérations, comme de les tanner, de les corroyer. Pline fait honneur de cette invention à un certain Tychius, natif de Béotie, sans dire en quel siècle vivait cet homme. De son côté, Homère parle d'un ouvrier de ce nom fort célèbre dans les temps héroïques par son adresse à travailler les cuirs ; entre autres ouvrages, il avait fait, dit-il, le bouclier d'Ajax.

Il n'y a pas si longtemps que l'on connaît, en France, la manière de préparer le *cuir de Hongrie,* ainsi appelé parce que les Hongrois avaient seuls autrefois le secret de le travailler, bien qu'on prétende que ce procédé soit originaire du Sénégal. Ce fut Henri IV qui en établit la première manufacture ; à cet effet il envoya en Hongrie un tanneur habile du nom de Rose, qui, ayant enfin surpris le secret des Hongrois, revint en France, où il fabriqua cette espèce de cuir avec beaucoup de succès.

Le *tan,* matière principale dont se servent nos tanneurs, est l'écorce du jeune chêne réduite en poudre ; sa propriété pour tanner les cuirs fut découverte, l'an 1775, en Angleterre : cette même année, l'Irlandais Beaukin appliquait la bruyère au même usage. Le *tan* a donné son nom à l'art du *tanneur.*

La première préparation que les peaux subissent consiste à les jeter dans une eau courante, après les avoir dégagées des cornes, des oreilles et de la queue.

Plus les peaux sont sèches, plus elles doivent rester longtemps dans l'eau ; toutefois chaque jour on les en retire une fois pour les *craminer* ou étirer sur le chevalet jusqu'à ce qu'elles soient bien ramollies. La seconde préparation est de les mettre dans les *plains,* espèces de grandes cuves profondes, de bois ou de pierre, enfoncées en terre, remplies d'eau dans laquelle on a fait éteindre de la chaux vive ; c'est ainsi qu'on les dispose à être *pelées.*

Par suite de ces opérations préliminaires, les cuirs, après avoir été bien dépilés, écharnés, après avoir acquis enfin le renflement nécessaire, sont alors *couchés en fosse* avec le tan, qui a la propriété tout à la fois de les affermir, d'achever de les dégraisser, de leur donner l'incorruptibilité nécessaire. Les fosses sont ordinairement des espèces de cuves faites avec du merrain et des cerceaux.

Suivant les anciens procédés, le cuir devait rester trois mois dans cette *première écorce,* choisie très fine pour ne pas faire contracter de faux plis à la peau ; puis quatre autres mois dans une *seconde écorce,* mais moins fine ; au bout de ce temps il se trouvait tanné jusqu'à l'intérieur ; enfin pendant cinq autres mois encore on le soumettait à l'action d'un tan plus grossier : c'est ce qu'on appelait la *troisième écorce.* Ainsi, grâce à la lenteur de ces procédés, l'opération du tannage durait toute une année.

Depuis plus d'un demi-siècle, grâce à l'invention d'un de nos tanneurs les plus célèbres, M. Armand Séguin, on s'est affranchi en France de cette vieille routine ; on en est venu, par des moyens nouveaux, à pouvoir tanner les peaux de veau en moins de quarante-huit heures, et les plus fortes peaux de bœuf en dix à quinze jours.

On a prétendu que les premières tapisseries de cuir doré qu'on ait vues en France venaient d'Espagne, et que c'est aux Espagnols qu'on en devait l'invention. Ces produits, tout à fait passés de mode, se fabriquaient à Paris, à Lyon, à Avignon ; il en venait surtout de Flandre et de Malines.

L'art du corroyeur a pour objet de mettre la dernière main à la préparation que le tanneur a commencée.

LE DRAPIER

De tous les arts, ceux qui servent à nous habiller sont sans contredit, après l'agriculture, les plus utiles. L'usage des habits est dû à toute autre cause qu'à la simple nécessité de nous mettre à l'abri des injures de l'air. Il est, en effet, bien des climats où cette précaution serait presque entièrement inutile. Cependant, à l'exception de quelques peuples absolument grossiers et sauvages, toutes les nations ont été dans l'usage de se couvrir d'habits plus ou moins élégants, conformément à leur goût, à leur industrie. Les arts relatifs aux vêtements ont même pris naissance dans les contrées où la température de l'air exige le moins que le corps soit couvert; mais dans tous les temps on s'est appliqué surtout à chercher des matières qui, en couvrant le corps, ne gênassent pas la liberté de ses mouvements.

Primitivement, les nations se revêtirent d'écorces d'arbres, ou de feuilles, ou d'herbes, ou de joncs grossièrement entrelacés; les peuples sauvages nous offrent encore aujourd'hui un modèle de ces anciens usages. La peau des animaux paraît toutefois avoir été la matière la plus universellement employée dans les premiers temps. Mais, faute de préparation, ces peaux devaient, en séchant, se durcir, se retirer, et l'usage en devenait aussi incommode que désagréable : on chercha donc à les rendre plus souples et plus maniables à l'aide des huiles de poisson, des graisses d'animaux; enfin on s'avisa de séparer de ces peaux la laine ou le poil qui les couvrait, pour en former des vêtements aussi chauds, aussi solides, mais plus souples que les cuirs ou les fourrures. Les premières étoffes dont on se sera servi auront été des espèces de feutre. On aura commencé par lier et unir, à l'aide de quelque matière glutineuse, différents brins de laine et de poils; on sera parvenu de cette manière à former une étoffe quelque peu souple et d'une épaisseur à peu près uniforme. Les anciens faisaient grand usage du feutre.

C'était quelque chose d'avoir imaginé de séparer le poil et la laine des animaux. On n'eût cependant pas tiré un grand avantage de cette invention, si l'on n'avait trouvé bientôt le secret de réunir, au moyen du fuseau, ces différents brins et d'en faire un fil continu; cette invention remonte à une très haute antiquité. La tradition de presque tous les peuples attribue à des femmes la gloire d'avoir inventé l'art de filer, de tisser les étoffes et de les coudre. On dut faire bien des essais avec les matières filées, composer bien des ouvrages, comme tresses et réseaux, avant d'en venir enfin, et par degrés, à trouver le tissu à chaîne et à trame : invention vraiment admirable, puisque c'est par elle que nous formons, de presque toutes les matières qui nous environnent, des tissus propres à nous couvrir d'une manière tout à la fois élégante et commode.

Les draps des anciens avaient même un avantage sur les nôtres : c'est qu'on pouvait les laver et blanchir tous les jours. Sans doute on possédait alors, pour la préparation des draps, quelque secret particulier, demeuré inconnu pour nous; une semblable opération gâterait la plupart des nôtres.

Les poils des animaux sont sans contredit la matière principale pour le vêtement de l'homme. Le duvet du castor, le ploc de l'autruche, le poil du chameau, celui des chèvres d'Asie et d'Afrique, de la vigogne du Pérou, n'entrent que pour une part de consommation bien minime, comparée à l'emploi qui se fait, sur tous les points du globe, de la laine de notre brebis commune.

Pendant près de dix siècles, la France avait été en possession de produire des laines si belles, que l'étranger était obligé de venir s'en approvisionner, comme aussi des étoffes qu'elles servaient à fabriquer. Mais plus récemment l'Espagne et l'Angleterre, la Hollande et la Suède acquirent l'art d'accroître la production de leurs laines et d'en perfectionner la qualité; notre supériorité sembla dégénérer et s'évanouir peu à peu. Heureusement pour la gloire de la France, le sentiment national s'est réveillé, et les magnifiques produits des bergeries de Rambouillet, de Naz, de Vaudepart et de Châtillon, nous vengent aujourd'hui de cette supériorité momentanée qu'affectaient les nations voisines, et nos laines égalent et surpassent tout ce que, de nos jours, l'Espagne et l'Angleterre offrent de plus beau en ce genre.

La matière première, la laine, une fois obtenue, vient ensuite le grand art de la préparer.

On connaît la bonté d'une laine de trois manières : à l'inspection, à l'odeur, au son. D'un coup d'œil on voit si la laine est fine, soyeuse, longue et sans mélange de qualités inférieures. A l'odeur, on juge si elle est ancienne ou nouvelle. A l'ouïe, on confirme cette expérience en prenant une petite poignée de laine, en l'approchant de l'oreille et en la tirant comme pour l'allonger. Rend-elle un son moelleux ou un son aigu quand on la froisse entre le pouce et l'index de chaque main, dans le premier cas elle est de l'année, dans le second elle est vieille.

L'art du fabricant de drap se divise en quatre grandes opérations : dégraissage, filature, tissage et foulage.

La laine, une fois dégraissée, séchée, battue sur des claies, passe entre les mains du *drousseur,* dont l'emploi est de l'engraisser avec de l'huile et de la carder. Les anciens engraissaient aussi leur laine avec de l'huile, et de plus ils la faisaient entrer dans la préparation de leurs étoffes, comme en Chine, aux Indes orientales, soit pour leur donner plus de finesse, soit pour les rendre plus imperméables. Les Chinois se servent en voyage d'habits de taffetas qu'ils revêtent de plusieurs couches d'une huile fort épaisse, laquelle produit sur ces étoffes le même effet que la cire sur nos toiles; ils emploient encore l'huile pour donner à leurs satins un lustre plus vif et plus éclatant.

Voilà donc la laine bien engraissée, bien droussée; viennent ensuite les opérations successives, compliquées et surtout bien intéressantes, de la filature de la laine, du tissage du drap, puis de ses foulage, lissage et lainage. Par combien de mains, par quelles transformations multipliées, aura passé cette laine primitive pour être amenée à l'état de drap, de vêtements pour l'homme! Enfin le drap, une fois tissé, foulé, lainé, tondu, est envoyé à la teinture, et définitivement livré à la consommation.

L'origine des manufactures de drap ne remonte guère qu'au XVIᵉ siècle. C'est à un certain Douglas qu'on attribue généralement l'honneur d'avoir le premier construit en France des machines à tondre les draps; cependant la première machine régulière de ce genre fut l'œuvre de M. Wattier; M. Ternaux aîné l'accueillit dans sa manufacture de Sedan, et par ses travaux personnels contribua beaucoup à son perfectionnement.

Les trois villes de France les plus renommées pour leurs fabriques de drap sont Elbeuf, Louviers, Sedan; viennent ensuite les Andelys, la Ferté, Limoux, Saint-Pons, Vienne, Mazamet, Vire et Nancy.

L'ÉDUCATEUR DE VERS A SOIE

Si la laine et le coton forment la matière première des

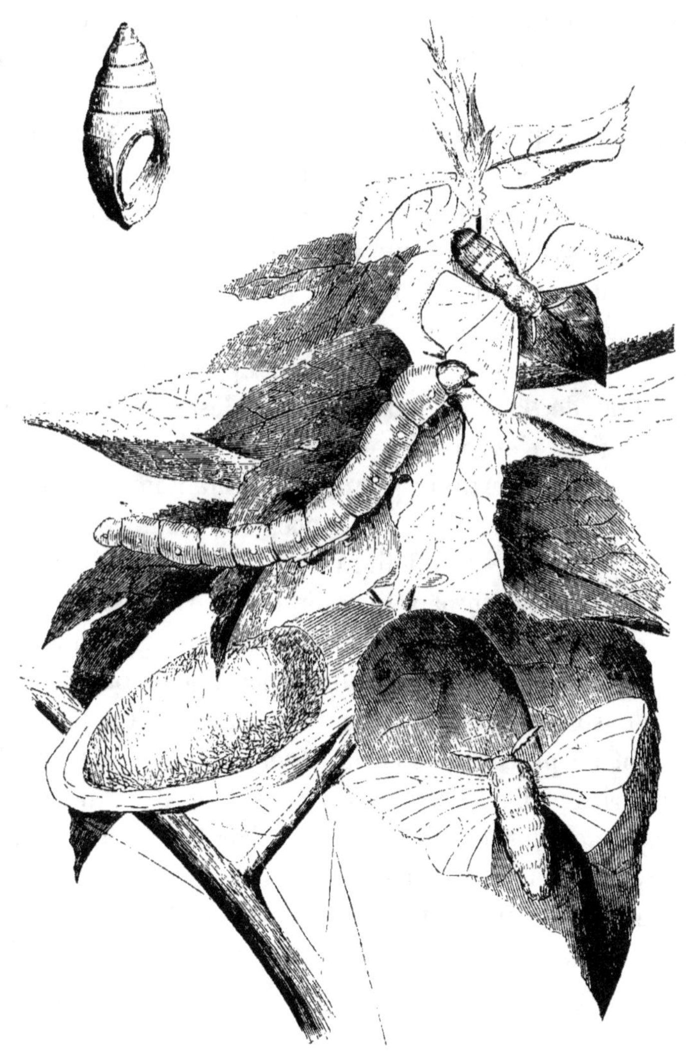

Vers à soie.

étoffes ordinaires, la soie est réservée pour les étoffes
riches. Tout le monde sait que la soie est produite par

une chenille du genre *bombyx*. La production de la soie est une industrie importante, qui occupe un grand nombre de familles dans le Midi et sur les bords du Rhône.

Le *magnanier* (c'est ainsi qu'on appelle l'éducateur de vers à soie) commence par mettre à l'éclosion les œufs ou *graines* d'où doit sortir le *magnan*. La larve, au sortir de l'œuf, a la forme d'un petit ver grisâtre, qui grossit rapidement. On la nourrit au moyen de jeunes feuilles de mûrier blanc qu'on répand en litière sur les tablettes où le ver est déposé. Pour que l'éducation marche bien, il faut une température constante, des soins minutieux de propreté, l'absence de toute mauvaise odeur et une ventilation bien entendue. A mesure que la chenille grossit, elle mange avec une voracité de plus en plus grande, et l'on a peine à suffire à son appétit. Le temps de la croissance dure de 35 à 40 jours, pendant lesquels le ver subit quatre *mues*, c'est-à-dire change quatre fois de peau, époque toujours critique pour un grand nombre d'entre eux. Enfin, lorsque la croissance est terminée, le ver cherche à *monter*, c'est-à-dire qu'il recherche un lieu favorable où il puisse en paix filer son cocon. On dispose à cet effet de petits balais de bruyère sèche, entre les brins desquels il se glisse pour accomplir l'opération la plus importante de son existence, celle pour laquelle on l'a élevé avec tant de précautions et de dépenses. Là le ver tire de son corps des fils précieux avec lesquels il se tisse une enveloppe en forme d'œuf, où il s'endort pour quelque temps à l'état de chrysalide.

Après être demeuré plus ou moins longtemps dans cet état, l'animal ramollit, à l'aide d'une liqueur corrosive qu'il dégorge, l'une des extrémités du cocon et en sort à l'état parfait. Le papillon du ver à soie est blanchâtre ou grisâtre, et d'un aspect assez laid, qui ne laisse point soupçonner la richesse du berceau dans lequel il a pris naissance; bientôt commence la ponte des œufs, qui ne produit pas moins de 500 œufs par chaque pondeuse. Ces œufs ou *graines* sont recueillis avec soin et mis en réserve à l'abri de la chaleur, pour alimenter la magnanerie l'année suivante.

Comme les cocons ouverts par le papillon ne peuvent être dévidés et ne peuvent être utilisés que comme bourre de soie, le magnanier a la précaution d'étouffer tous les cocons dans une étuve, pour tuer les chrysalides, et il ne réserve pour la ponte que le nombre de cocons indispensable. Les cocons, placés dans un bain d'eau tiède pour dissoudre la gomme qui agglutine les fils, sont ensuite dévidés.

Le ver à soie est originaire de la Chine; transporté d'abord dans l'Inde, puis à Constantinople vers le milieu du VIe siècle par deux missionnaires qui en avaient caché la *graine* dans leur bâton de voyage, il passa en Italie dans le XIIe siècle. On l'introduisit en France sous François Ier, et, sous Henri II, Diane de Poitiers et Catherine de Médicis s'occupèrent activement de sériciculture à Chenonceaux en Touraine, à Orléans et dans le Bourbonnais. Toutefois cette belle industrie n'avait fait encore que de faibles progrès, lorsque Olivier de Serres, sous Henri IV, la propagea et l'installa définitivement en France.

Dans ces dernières années, la production de la soie a été grandement éprouvée par plusieurs maladies qui ont atteint la précieuse chenille. On connaissait déjà la *grasserie*, la *consomption*, la *gattine*, la *jaunisse* et la *muscardine;* à tous ces fléaux est venue se joindre la *flâcherie*, qui a dévasté des magnaneries entières. La plupart de ces maladies sont l'effet de l'éducation artificielle.

LE TEINTURIER

L'invention de la teinture est fort ancienne et due au hasard. Les premiers fruits, la première plante qu'on aura écrasée, comme aussi l'effet des pluies sur certaines terres ou certains minéraux, auront dû donner des notions de l'art de teindre et l'idée des différentes matières propres à la teinture. Dans tous les climats, l'homme a sous sa main des terres ferrugineuses, argileuses, de toutes nuances, des matières végétales et salines; l'unique difficulté pour lui aura été de trouver l'art de les employer. Combien de tentatives n'aura-t-on pas faites avant de parvenir à pouvoir appliquer convenablement les couleurs sur les étoffes, et leur donner cette adhérence et ce lustre qui font le principal mérite de l'art du teinturier, un des plus difficiles que l'on connaisse.

Il faut que cet art soit bien ancien, puisque Moïse parle d'étoffes peintes en bleu céleste, en pourpre, en écarlate double, de peaux de mouton teintes en orangé en en violet. Assurément ces teintures demandaient des préparations bien étudiées. Parmi les présents que les Israélites firent à Gédéon, l'Écriture parle des habits de pourpre trouvés dans la dépouille des rois de Madian. Homère donne aussi à entendre qu'il n'appartenait qu'aux princes de porter cette couleur. En effet, le roi de Phénicie, auquel l'Hercule Tyrien, inventeur de l'art de teindre les étoffes en pourpre, présenta les premiers essais de cette couleur, en admira tellement la beauté, qu'il en défendit l'usage à tous ses sujets, la réservant pour les souverains et pour l'héritier présomptif de la couronne.

A cette occasion, nous dirons que la découverte de la pourpre fut, comme bien d'autres, le pur effet du hasard;

voici comment on la présente communément. Le chien d'un berger brisa sur le bord de la mer un coquillage; la liqueur qui en sortit lui teignit la gueule d'une couleur qui excita l'admiration de tous ceux qui la virent; on chercha le moyen de l'appliquer sur des étoffes, et l'on y réussit. Mais quelle était cette espèce de coquillage si bien connu des anciens, et dont le secret semblait perdu pour nous? On l'aurait toujours ignoré, si l'on n'eût découvert dans nos temps modernes, tant sur les côtes d'Angleterre que sur celles de Provence, des coquillages qui portent tous les caractères par lesquels les anciens désignent les mollusques qui fournissaient la pourpre. Et si l'on ne s'en sert plus, c'est qu'on a trouvé le moyen de faire une teinture plus belle et moins coûteuse avec la cochenille.

Tout l'art de la teinture consiste à extraire les parties colorantes des différents corps qui la contiennent, et à les faire passer sur les étoffes de manière qu'elles s'y trouvent appliquées solidement; et c'est là une opération beaucoup plus difficile qu'on ne pense. On pourrait croire de prime abord qu'il suffit, pour teindre des étoffes, d'extraire par l'eau la couleur des divers ingrédients susceptibles d'en fournir, et de plonger ou de faire bouillir dans cette eau, ainsi chargée de couleur, les étoffes qu'on veut teindre; mais cette pratique, si simple et si commode, n'a lieu que pour un fort petit nombre de teintures; la plupart des autres exigent des manipulations et des préparations toutes particulières, soit sur les ingrédients colorants, soit sur les substances à teindre elles-mêmes. C'est ainsi que la laine, la soie, le coton, le fil ne se prêtent pas également à recevoir les mêmes teintures. En général, la laine et toutes les matières animales sont celles qui se teignent le plus facilement et dont les couleurs sont les plus belles et les plus solides; au contraire, le coton, le fil et toutes les matières végétales sont très ingrates et difficiles à teindre.

5*

Tant que la chimie n'est pas venue en aide au teinturier pour lui enseigner la combinaison des couleurs et leur plus parfaite cohésion avec les diverses matières à colorer, son art, demeuré stationnaire, s'est borné, comme jusqu'à la fin du siècle dernier, à l'application pure et simple des surfaces colorantes à la surface des corps. Aujourd'hui, grâce au progrès de la science, l'art du teinturier a fait un pas immense vers la perfection.

LE TAILLEUR

L'art du tailleur est, comme celui de la couturière, délicat et difficile; c'est un composé de calculs, de finesses, de mystères. En effet, que de choses à dissimuler! combien d'autres à faire valoir! Nos tailleurs d'aujourd'hui, passés maîtres dans toutes les ressources de leur industrie, seraient surtout bien fiers d'eux-mêmes, s'ils pouvaient comparer les chefs-d'œuvre qui sortent de leurs mains avec les travaux faciles et mesquins des plus célèbres tailleurs de l'antiquité. L'art du tailleur a presque commencé de naître sous le règne de François Ier.

D'abord il est bien certain que, dans les premiers siècles, on ignorait complètement l'art de donner aux vêtements les moindres façons, la moindre grâce. On prenait tout simplement un morceau d'étoffe plus long que large, et on s'en couvrait, ou, disons mieux, on s'en enveloppait. Dans l'origine, on ne se servait point d'attaches pour retenir les habits; ils ne tenaient au corps que par les différents tours qu'on faisait faire à l'étoffe; de nos jours encore, plusieurs ne s'habillent pas autrement. Insensiblement on imagina des manières de se vêtir plus commodes. L'habillement des patriarches consistait en une tunique à manches larges, sans plis, et en une espèce de manteau fait d'une seule pièce; celui des Égyptiens, en une tunique bordée d'une frange qui venait jusqu'aux genoux, et, par-dessus, en une espèce de manteau en laine blanche. Les personnes de distinction portaient des habits de coton, et en outre des colliers précieux : Pharaon fit revêtir ainsi Joseph.

Aux temps héroïques, l'habillement des Grecs consistait, pour les hommes, en une tunique très longue et un manteau attaché avec une agrafe. On retroussait la tunique au moyen d'une ceinture lorsqu'il fallait agir, se mettre en route, aller au combat. La tunique était composée de deux pièces d'étoffe longues et carrées, cousues des deux côtés. Quant au manteau, il y en avait de deux espèces : le manteau court et le manteau long. En place de culottes, les Romains se servaient de bandes avec lesquelles ils s'enveloppaient les cuisses, mais ceux qui en portaient passaient pour des efféminés.

Venons-en maintenant à l'histoire des vêtements en France. L'habit long des Romains fut le costume des descendants de Clovis, et pendant plusieurs siècles celui des personnes de distinction. L'habit court ne se portait qu'à la guerre et à la campagne. Au XIIᵉ siècle, et dans les trois suivants, les Français s'habillaient d'une espèce de soutane qui leur descendait jusqu'aux pieds; les nobles y rattachaient une longue queue; il fallait un homme pour la porter. Sur la soutane, les chevaliers plaçaient une espèce de casaque dont les manches très larges se rattachaient par devant sur le pli du bras, et pendaient par derrière jusqu'aux genoux. On ne portait point d'épée; une longue bourse, fixée à la ceinture, était un insigne de noblesse. — Sous Philippe de Valois, la mode vint de porter une longue barbe et une espèce de pourpoint fort étroit; sous Charles VI, on imagina l'habit mi-parti, semblable à celui des bedeaux. Nouveaux changements sous Charles VII. Ce monarque était petit, ses jambes étaient grêles et courtes : il fit revivre les habits longs. Louis XI, au contraire, revint aux petits pourpoints qui n'excédaient point le haut des reins. Enfin les hommes, qui avaient quitté l'habit long sous Louis XI, le reprirent sous Louis XII. Mais bientôt François Ier donna l'exemple tout opposé : ce prince et ses courtisans se vêtirent comme de véritables pantalons de la comédie italienne, c'est-à-dire d'un pourpoint à petites basques et d'un caleçon tout d'une pièce avec des bas. Sous les quatre règnes suivants, on était habillé précisément comme des coureurs ; à cet accoutrement se joignait un petit manteau couvrant les épaules. Sous Henri IV, enfin, les costumes prirent une grande élégance ; les hommes portaient des fraises autour du cou ; les manches de leurs habits étaient tailladées et nouées avec des rubans.

L'ancienne casaque reparut sous Louis XIV ; mais on en diminua l'ampleur, on en rétrécit les manches, de manière à serrer étroitement le corps : d'où lui vint, en effet, le nom de *justaucorps*. Dans la suite, on y fit des plis sur les côtés, on le garnit de boutons : bref, il forma quelque chose d'assez semblable à l'habit que nous portons aujourd'hui ; car on ne saurait énumérer les mille transformations que ce pauvre vêtement subit sous Louis XV, sous Louis XVI, sous la république, sous l'empire, avant d'en arriver au point où nous le voyons, en attendant bien d'autres métamorphoses encore : la mode est si inconstante, et le génie de nos tailleurs si inquiet, si avide et si fécond !

LE CORDONNIER

Quelle est l'étymologie du mot cordonnier ? Plusieurs personnes font dériver cette appellation du mot *cordon*, petite corde, parce qu'on faisait autrefois des souliers de corde, comme on en voit encore en Espagne; d'autres lui donnent la même origine; mais c'est, disent-ils, parce que les souliers s'attachaient avec des cordons comme des sandales. Cette étymologie, bien que très satisfaisante, n'est cependant pas la véritable. En voici une autre plus avérée : la ville de Cordoue nous a fourni une espèce de cuir appelée *cordouan :* d'où *cordouanier,* nom donné à celui qui faisait des chaussures. *Cordonnier* ne serait donc qu'une corruption, devenue définitive, de ce mot primitif.

Si l'on remonte aux temps les plus anciens, on voit les hommes marcher pieds nus; l'usage où l'on était, chez les Hébreux, de présenter aux voyageurs de l'eau pour se laver les pieds, en fournit la preuve. Du temps d'Abraham, la chaussure usitée consistait en une paire de sandales attachées avec des courroies. La matière des souliers a été primitivement l'écorce d'arbre, puis le jonc, puis enfin le cuir; les Égyptiens faisaient usage de *papyrus* pour leurs chaussures. On ne sait pas bien quelle fut la forme des premiers souliers; elle a dû varier suivant le génie et les mœurs des nations.

Une loi de Lycurgue ordonnait aux Spartiates de marcher pieds nus; aussi ne portaient-ils de souliers que lorsqu'ils étaient obligés de voyager de nuit, d'aller à la chasse ou à la guerre. A l'imitation des Grecs, les anciens Romains ne portaient de souliers ni à la ville ni à la campagne; l'usage n'en vint à Rome qu'avec le luxe et les richesses de l'Asie.

A Athènes, les chaussures étaient en cuir préparé. La couleur uniforme des souliers pour les hommes était le noir; les femmes en portaient de différentes couleurs, qu'elles faisaient orner d'or, d'argent, d'ivoire et de pierreries. A Rome, la matière la plus ordinaire des souliers était le cuir apprêté. Cette chaussure était celle des sénateurs et des magistrats, si ce n'est que ceux-ci la portaient rouge dans les cérémonies et qu'elle était plus haute de semelle que les autres. Les femmes portaient le soulier comme les hommes; mais elles l'ornaient de petits clous d'or et quelquefois de perles et de pierreries.

Anciennement, en France, on portait des chaussures dorées par dehors et ornées de courroies et de lanières longues de trois coudées : telle était la chaussure de Charlemagne, celle de Louis le Débonnaire. Les souliers de Bernard, fils de Pépin et roi d'Italie, dont on nous a conservé la description, étaient en cuir rouge, leurs semelles en bois; ils étaient si justes et si bien faits pour chaque pied et pour les doigts de pied, que le soulier gauche ne pouvait servir au pied droit, ni le droit au pied gauche.

Sous Philippe le Bel on vit apparaître une chaussure bizarre appelée *souliers à la poulaine,* du nom de Poulain, son inventeur; elle finissait en pointe recourbée vers le haut, et plus ou moins longue, selon la qualité des personnes; elle était de deux pieds pour les princes et les grands seigneurs, d'un pied pour les riches, et d'un demi-pied pour les gens du peuple.

Les souliers imperméables, corioclaves, d'une seule pièce et sans couture, sont des inventions toutes modernes. L'art du cordonnier a enfanté, depuis vingt ans, bien d'autres innovations à peu près aussi frivoles ou problématiques, mais ce qui n'est pas du moins à mettre en doute, c'est le bon goût, c'est l'élégance des chaussures françaises.

Les bottes ont joué dans l'antiquité un rôle assez obscur : leur usage, tel qu'il existe, semble appartenir aux temps modernes. On sait à merveille que, dans les siècles héroïques, les hommes portaient des espèces de bottines faites de cuir de bœuf et placées à nu sur la jambe. De même, chez les Grecs, les gens de guerre avaient toute la jambe couverte d'une sorte de botte sans semelle et d'un cuir fort dur. La botte figure pour la première fois en France, d'une manière authentique, vers la fin du xve siècle. Louis XI portait évidemment des bottes, puisqu'on trouve dans les

registres de la chambre des comptes un article de quinze
deniers pour les avoir graissées.

Il y a trente ans, la botte se portait à découvert, sous
forme de bottine à glands, de botte à revers : aujourd'hui
cette pauvre botte ne joue plus qu'un rôle insignifiant,
car elle demeure uniformément cachée sous le pantalon.

LE CHAPELIER

L'emploi du chapeau remonte aux temps les plus reculés;
les Athéniens en faisaient usage non seulement à la campagne, mais à la ville; chez les Grecs, les gens de tout
âge en portaient : les chapeaux de feutre étaient même
connus des Spartiates. Lorsque Athènes eut renoncé à la
mode du chapeau pour la ville, Rome s'empressa de l'adopter. Pourtant l'usage le plus ordinaire était de le porter
à la campagne, c'est-à-dire pour se préserver tour à tour
de la pluie et du soleil : à cet effet, les bords en étaient
rabattus, des rubans en devenaient l'accessoire obligé : ils
servaient à l'attacher sous le menton. Voulait-on aller tête
nue, il suffisait de le rejeter derrière les épaules.

Les chapeaux ne datent en France que du règne de
Charles VI; on commença par en porter à la campagne;
sous Charles VII, on vint à s'en servir dans les villes en
cas de pluie; puis enfin, sous Louis XI, en tout temps.
C'est sous François Ier que l'usage du chapeau s'est déci-
dément nationalisé chez nous.

Charles VII est le premier roi à qui l'histoire fasse honneur du chapeau de castor, à propos de son entrée à Rouen
en 1449. Il est vrai que ce castor-là ne ressemblait guère,
par la forme et la façon, aux nôtres; il était doublé de
velours rouge, surmonté d'une houppe de fil d'or.

Sous le règne d'Henri IV, les chapeaux n'étaient pas encore fort connus. Les nobles et les princes le portaient relevé de plumes et de franges; les bourgeois ne faisaient alors usage que de chaperons. Plus récemment on renonça à cette large coiffure pour adopter les chapeaux à bords non retroussés; mais on les doublait de fourrures, on les garnissait de franges d'or, de cordons, de perles, de pierreries; un cordon noué sous le menton servait à les assujettir.

Quel contraste entre ces chapeaux si grotesquement ornés, si riches, et ceux de notre époque, modestement tissus de poils de castor, de vigogne, de lièvre, de lapin, de chat, ou bien de soie! Mais que parlé-je aujourd'hui de castor ou de vigogne! il y a cinquante ans encore, on les employait en chapellerie; le castor nous venait en peaux du Canada ou de Russie; la vigogne, d'Espagne, en balles. Il faut que ces animaux-là aient assurément disparu du globe, car les chapeliers ne les connaissent plus, et dans ce siècle de progrès et de bon marché ils nous ont réduits à revêtir notre chef de poils de lièvre ou de lapin, le plus souvent même de soie. A l'heure qu'il est, le chapeau de soie a détrôné tous ses devanciers; il règne en souverain sur nos têtes, il a fait le tour du monde.

L'art du chapelier est donc bien simplifié, bien déchu quant aux préparations premières. Restent les opérations de la *foule*, des séchages, de la teinture, qui se font à l'aide des fouloirs, des étuves et des chaudières : tous appareils fort dégoûtants de leur nature. Quand le chapeau, ayant subi ces diverses manipulations, est enfin bien sec, on lui donne un lustre avec de l'eau claire pour le préparer à l'*apprêt* : c'est ainsi qu'on appelle la colle que l'ouvrier applique, avec une brosse de poil de sanglier, au chapeau pour l'affermir. Ici commencent les dernières façons du chapelier détaillant; un réchaud, un carrelet, des ciseaux : voilà le simple appareil et les instruments au moyen desquels il donnera, sous vos yeux, au feutre encore grossier, mais qui s'assouplit dans sa main, la forme la plus élégante, les contours les mieux arrondis. Il n'y manque plus qu'un dernier lustre. Un peu d'eau de noix de galle et quelques coups de brosse feront l'affaire, et vous voilà soudain, comme par enchantement, coiffé d'un chapeau brillant et soyeux que vous eussiez dédaigné, quelques heures auparavant, comme une matière brute, un objet informe.

LA BLANCHISSEUSE

Il y a deux sortes de blanchisseuses : celle de fin, celle de gros.

Dans les petites villes des départements, on n'a recours à la blanchisseuse, en supposant qu'elle existe, que dans les occasions solennelles. On met ses talents en œuvre pour figurer au bal de la sous-préfecture, à la noce du maire, au baptême de l'enfant d'une notabilité. En temps ordinaire, on se borne à faire la lessive à domicile. Cette opération est rendue plus facile et moins pénible par l'emploi des *lessiveuses*, d'un usage si fréquent aujourd'hui, et qui rendent de si notables services aux petits ménages, auxquels l'exiguïté des logements modernes ne permet pas les opérations de la lessive des anciens jours. Les blanchisseuses de Paris ont la réputation de rendre le linge d'une éclatante blancheur, mais à force de potasse et de produits chimiques; on prétend qu'elles l'usent au delà de la mesure tolérée; on ajoute même avec un peu d'exagération que, lorsqu'une chemise a été blanchie trois fois par elles, elle se déchire comme une feuille de papier. Ce qu'il y a de plus vrai dans tout cela, c'est que si le Parisien porte du linge blanc, il le paye fort cher, cependant moins cher encore qu'à Londres. Les dépenses de blanchissage de certains ménages de Paris suffiraient pour les faire vivre dans une petite ville de province.

La blanchisseuse de fin diffère de la blanchisseuse de gros en ce qu'elle ne se charge que du menu linge, que de celui qui exige des soins plus minutieux. L'établissement de cette blanchisseuse est ordinairement peu considérable : quelques baquets, une table, un fer à repasser, un fer à relever, un fer à champignon, un fer à coque, un fer à bouillons : tels sont ses instruments de travail. Elle s'installait jadis dans une chambre du second ou du troisième étage; mais les propriétaires ont observé que l'eau de savon pénétrait à travers les planchers; ils l'ont contrainte à transporter au rez-de-chaussée son humide industrie. Il n'y a guère maintenant de quartier qui ne possède plusieurs ateliers-boutiques de blanchissage, quelques-uns même décorés avec goût et ornés de glaces.

Il existe entre les ouvrières blanchisseuses des distinctions remarquables : la repasseuse affecte, à l'égard de ses autres compagnes, un air de supériorité aristocratique. La savonneuse a des goûts plus modestes, une allure plus vulgaire; elle travaille avec assiduité pendant toute la semaine, surtout le jeudi, jour du savonnage général. Quant aux blanchisseuses de bateau, c'est le dernier degré de l'échelle; elles travaillent pour le compte des blanchisseries en gros de Paris. Que si vous parcourez certaines rues voisines des quais, vous apercevrez par intervalles des espèces de cavernes tout à fait impénétrables aux rayons du soleil; c'est dans ces antres sombres que travaillent ces malheureuses, à la lueur de deux ou trois chandelles. Sortent-elles de leur repaire, c'est pour aller laver leur linge à la Seine, sur des bateaux exclusivement destinés à cet usage, où ces laveuses payent un droit de station. Quelques-uns de ces bateaux, élégamment construits, ont un séchoir entouré de treillages verts; il est défendu par la police de laver du linge ailleurs que là.

Les blanchisseurs de gros de la banlieue sont des êtres demi-paysans, demi-citadins, dégrossis par la fréquentation des villes, qui les repose des rudes travaux de leur métier.

Le jour de la mi-carême, les bateaux de blanchisseuses se transforment en salles de bal; un cyprès orné de rubans est hissé sur le toit du flottant édifice : c'est la fête des blanchisseuses. Chaque bateau nomme une reine qui, payant en espèces l'honneur qu'on lui fait, met en réquisition rôtisseurs et ménétriers. Pareille fête est célébrée par les blanchisseurs de gros de Vaugirard, Issy, Meudon, Saint-Cloud, Boulogne, et autres villages des environs de la capitale.

LE PARFUMEUR

L'usage des parfums remonte à la plus haute antiquité. Moïse donne la composition de celui qu'on offrait au Seigneur sur l'autel d'or. Les Hébreux embaumaient les morts avec des parfums exquis : tels étaient ceux qu'Ézéchias conservait dans ses trésors, ceux qu'employa Judith pour captiver Holopherne. Au luxe et à la richesse des vêtements, les Babyloniens joignaient le charme des parfums; ils en faisaient un très grand usage, se parfumant tout le corps de liqueurs odoriférantes. Leur parfum était renommé pour l'excellence de sa composition.

Les Grecs et les Romains assignaient aux parfums un rôle bien autrement important; ils les regardaient comme un hommage rendu aux dieux, même comme un signe de leur présence. Chez les poètes, les divinités ne se manifestaient jamais sans annoncer leur apparition par une odeur d'ambroisie. Le culte chrétien a de même son oblation religieuse, et nous élevons nos pensées vers le ciel avec la fumée de l'encens.

Les anciens brûlaient aussi des parfums sur les tombeaux. Antoine recommanda en mourant qu'on répandît sur ses cendres des herbes odoriférantes et du vin. Mais c'est surtout chez les Orientaux que les parfums furent de tout temps en usage. Les Arabes, les premiers, excitèrent les Tyriens à joindre le commerce de leurs aromates à celui de l'or et des pierres précieuses, qu'ils tiraient des Indes pour les porter chez les peuples avec lesquels ils trafiquaient; c'est ainsi que, à l'exemple des Égyptiens, des Grecs et des Romains, toutes les nations de l'Europe en vinrent à faire usage des parfums.

Ce besoin imaginaire s'est perpétué jusqu'à nous. Les parfums ont donc été toujours fort à la mode en France, surtout ceux où il entrait de l'ambre ou du musc, odeurs très heureusement peu prisées de nos jours.

L'art du parfumeur, à qui nous devons les poudres, les pommades, les pâtes, les eaux, les huiles, les essences décorées de titres si pompeux, contenues dans des flacons ou des vases aux formes si séduisantes; cet art, entouré de mystères et de charlatanisme, a pour bases constitutives l'eau, l'huile, le benjoin et le saindoux. Voilà les éléments bien simples de toutes les prétendues merveilles qu'il enfante.

IV

MÉTIERS UTILES

L'ÉLECTRICIEN

Inconnue des anciens, à peine devinée il y a cent cinquante ans, ce n'est que petit à petit que la science moderne arrive à écarter les voiles qui, de Franklin à Édison, de G. Gilbert à Gramme, ont caché et cachent encore en certains points les merveilles de l'électricité. Nous n'avons point à énumérer une à une les découvertes de chacun de ces pionniers de la science; contentons-nous de citer, en les décrivant brièvement, les principales applications de l'électricité.

Télégraphe. — Samuel Morse fit, en 1843, les premières applications sérieuses de la télégraphie électrique, qui bientôt étendit ses fils de tous côtés, couvrant le nouveau monde d'un réseau serré. En 1851, la France possède déjà plusieurs stations, et la construction des chemins de fer vient apporter à cette découverte un élan extraordinaire. Mais ce n'est point assez : on tente de faire traverser l'Océan au fil télégraphique, les premières expériences échouent; enfin, en 1866, le *Great-Eastern* dépose au fond des flots le câble qui n'a cessé depuis ce jour de faire communiquer l'Europe et l'Amérique. — Dans ces dernières années M. Trouvé inventa un télégraphe portatif qui est aujourd'hui en application dans l'armée.

Sans suivre dans leurs perfectionnements les successeurs de Morse, les Foy, les Bréguet, les Siemens, les Fromont, les Édison, etc., disons que le télégraphe repose essentiellement sur ce principe : que le fluide électrique dégagé à Paris, transporté par un fil recouvert d'un corps isolant, arrive à Rouen, par exemple, et sert à aimanter une lame de fer doux. Cette dernière jouit alors de la faculté d'attirer un disque de fer mobile, disposé devant elle; en rendant ce mouvement alternatif, on obtient le mouvement de va-et-vient nécessaire à la production des signaux.

Les *sonnettes électriques*, d'un usage si répandu aujourd'hui, sont basées sur un système encore plus simple : chaque fois que, par la pression du doigt sur un bouton, vous mettez en contact les deux fils d'une pile électrique, vous fermez le circuit, et le courant que vous faites ainsi circuler fait manœuvrer soit un grelot, soit le battant d'un timbre placé sur son passage. Nous trouvons maintenant, même dans les provinces les plus reculées, des ouvriers capables d'installer et de réparer les sonnettes électriques.

Le *téléphone* entre chaque jour davantage dans la vie commerciale et industrielle. Dès 1876, M. Graham Bell avait posé les principes du transport de la voix humaine par les fils électriques, et ce fut la merveille de l'exposition de 1878. Mais cette découverte si intéressante ne devint réellement pratique que par l'adjonction des améliorations de M. Édison et du microphone Hughes, qui ont rendu l'instrument d'une extrême sensibilité.

Le principe du téléphone est celui-ci : au point de départ, une plaque de fer doux placée en regard d'un disque de graphite ou de plombagine est mise en contact, à chaque vibration que lui imprime la voix, avec une tige d'acier aimantée. Cette tige est entourée, à son extrémité, d'une bobine sur laquelle est enroulé un fil recouvert de

soie, lequel communique par deux bornes métalliques avec
les fils conducteurs, et leur transmet un courant induit,
alternatif à chaque vibration de la plaque. Ce courant
imprime, à l'arrivée, les mêmes vibrations à un appareil
semblable à celui du point de départ.

Le *photophone*, qui transmet la parole par la lumière,

Le téléphone.

et même le *phonographe*, l'invention d'Édison, la grande
curiosité de 1889, le moyen d'enregistrer la parole humaine
pour la faire vibrer au besoin, ne sont point d'un usage
commun.

Galvanoplastie. — L'industrie de la dorure, l'imprimerie et même la gravure ont été révolutionnées depuis
quelques années par l'application de la galvanoplastie.

Qu'il s'agisse de dorure, d'argenture ou de cuivrage, le
principe est le même. Dans une cuve en grès, remplie
d'eau acidulée, ou à l'extérieur de cette cuve, on dépose

des piles de Bunsen, dont le fil positif communique par des tiges de cuivre, soit avec des plaques d'or reposant dans le bain, s'il s'agit de dorure, soit avec des paniers renfermant du sulfate de cuivre, s'il s'agit de cuivrage; et le fil négatif communique avec les objets à dorer ou à cuivrer qui reposent également dans le bain. Le courant décompose le métal qui se trouve du côté positif, et le transporte sur les objets ou les moules qui reçoivent le courant négatif. — Aujourd'hui, des machines dynamos ont remplacé presque partout les dispendieuses piles de Bunsen pour l'excitation des bains galvaniques.

On trouvera plus loin la description des opérations auxquelles se livre le doreur.

Pour la reproduction des gravures en relief, comme pour la confection des clichés d'imprimerie, on prend sur la gravure ou sur la planche d'imprimerie à clicher une matrice soit avec de la gutta-percha, soit avec la cire, et c'est cette matrice que l'on dépose dans la cuve et dans laquelle s'opère le dépôt. Pour la reproduction des gravures en creux, c'est la planche gravée que l'on place elle-même dans le bain, sur la surface de laquelle s'opère directement le dépôt qui donne le relief de la planche. En recommençant l'opération inverse, on obtient autant de planches en creux qu'on le désire.

Mais de toutes les applications de l'électricité, celle qui a le plus passionné les chercheurs et qui a subi le plus de perfectionnement, c'est sans contredit la *lumière électrique*. Et quel chemin parcouru depuis les premières étincelles qui jaillirent sous le doigt de Franklin, et la lumière blanche et fixe qui illumine nos boulevards, leur rendant, au milieu de la nuit obscure, l'éclat d'un après-midi ensoleillé!

Dès le commencement de ce siècle, Humphry Davy découvrit que si l'on termine les deux fils conducteurs d'une pile énergique par deux cônes de charbon, ces deux cônes rougissent, et qu'il se produit entre eux un

Rue de ville éclairée à l'électricité.

arc lumineux. Tel est le principe de la *lumière électrique à arc*, améliorée par Foucault, devenue réellement pratique entre les mains de Jablochkoff, et appliquée à cette heure dans nombre d'endroits par la compagnie Cance et bien d'autres encore. Les charbons de Davy sont remplacés actuellement par des cônes de charbon de cornue, renfermés dans un double globe de verre, et dont le rapprochement successif et la combustion sont automatiquement réglés.

Mais la lumière à arc, coûteuse et s'appliquant à de vastes espaces et surtout en plein air, n'était point le dernier mot de la lumière électrique. Édison eut l'idée de remplacer les charbons par un filament recourbé fourni par la carbonisation d'une mince fibre de bambou, et renfermé dans un petit globe de verre dans lequel on a fait le vide. Telle est, dans sa partie essentielle, la *lampe à incandescence*. Ce système d'éclairage appliqué avec quelques légères variantes par Édison, Swan, Gramme et mille autres, a eu son apothéose dans la magique illumination de l'exposition de 1889.

Enfin on s'occupe de plus en plus de rendre pratique l'application de l'électricité comme *force motrice ;* c'est ainsi que nous avons vu successivement le tramway, le bateau, le vélocipède, la voiture et le chemin de fer électriques. Le commandant Renard a inventé une pile spéciale pour l'aérostation. Les ponts roulants de la galerie des machines à l'exposition étaient mus par une immense dynamo-électrique de Clarke. Enfin, grâce aux efforts de Clarke, Siemens, Gramme et tant d'autres, voici venir le jour où nous verrons s'établir dans nos cités des stations centrales d'électricité produisant la force motrice et la distribuant à domicile, suivant les besoins de chaque industrie.

LE CORDIER

L'ancienneté d'un état est presque toujours la garantie de son utilité. Autrefois, bien avant l'invention du canon, les cordes servaient aux machines de guerre. Ainsi l'homme avait déjà trouvé le moyen de faire avec le chanvre les gros câbles et la toile.

Le chanvre est une de ces plantes que Dieu sema pour les besoins de l'humanité ; il serait impossible de s'en passer. Elle est le pendant du blé et de la vigne. Eh! qui croirait que ces brins grossiers produisent en même temps la plus fine toile et les plus gros cordages ?

Voyez nos vaisseaux : comme cet appareil de cordes, disposées et tendues symétriquement, est bien combiné pour retenir les mâts et les voiles! Une personne étrangère à la marine ne conçoit pas qu'on puisse s'y reconnaître, tant elles sont nombreuses ; mais les matelots les savent par cœur et ne s'embrouillent que bien rarement dans leur manœuvre.

La corde sert pour la fabrication des filets, et c'est dans ses mailles que viennent se prendre petits et grands poissons.

Voulez-vous bâtir une maison : c'est au moyen de la corde que vous faites monter les pierres, que vous maintenez les échafaudages.

Dans chaque moment de la vie on a besoin de corde pour toute espèce d'usages : pour emballer, pour haler de grands bateaux, pour amener les tonneaux, etc. etc.

Au spectacle, c'est au moyen de cordes que les machinistes font succéder à vos yeux une forêt à un palais ; c'est encore à l'aide de cordes qu'ils donnent du mouvement aux vaisseaux que vous voyez dans le fond et qui vous semblent soulevés par la mer.

Les ballons sont revêtus d'un grand filet auquel tient, par des cordages, la nacelle où l'aéronaute est assis et d'où il dirige la machine.

Ainsi, sur la terre, sur l'eau, dans les airs, on peut dire que l'art du cordier est nécessaire, indispensable.

Le chanvre.

Le chanvre exige beaucoup de soins. Il ne vient pas toujours à une maturité complète ou à un degré de qualité convenable pour servir à tous les usages désirés. On le sème en mars pour le récolter au mois de juillet ou de septembre.

Après avoir récolté le chanvre, on le met dans des mares pour le rouir ou pourrir; ensuite on le recouvre de terre. Il doit rester dans cet état pendant quinze jours, après lesquels on le retire pour le faire sécher au soleil; on le broie ensuite, puis on le met en balles.

Pour le rendre propre à la fabrication du cordage, il faut le battre et le peigner. Alors la tâche du cordier commence, et c'est à lui de disposer son ouvrage de manière à lui donner plus ou moins de consistance et de force. Mais je doute que la confection des cordes le fatigue autant que la culture et la récolte du chanvre épuisent les pauvres paysans.

LE CHARRON

Le carrossier et le charron diffèrent entre eux comme l'Européen civilisé diffère du Hottentot. Au premier le domaine de l'art, de la grâce, de la perfection, surtout depuis que nous avons adopté les voitures anglaises ; au second les formes lourdes et stationnaires, la grossièreté du travail. Mais ce travail exige de la force et non de l'élégance, car on ne saurait transporter les pierres de taille ou du fer sur le train d'une calèche ; il faut pour cela l'antique charrette, épaisse, criarde, tournant avec lenteur sur deux grandes roues.

Les voitures que fabrique le charron sont : la *guimbarde*, espèce de charrette beaucoup plus longue que large, avec des *cornes* ou perches en avant et en arrière, pour retenir la paille et autres denrées qu'on y amoncelle ; le *tombereau*, dont le fond et les deux côtés sont faits de grosses planches enfermées par des *gisans*, au lieu d'être à jour comme ceux des charrettes. Un tombereau est indispensable pour transporter les objets qui demandent à être maintenus, comme le sable, la chaux, les terres, les gravois. On se sert de ces voitures pour déblayer tous les matins les boues de Paris.

Les autres voitures que le charron confectionne sont : le haquet, le camion, l'éfourceau, le fourgon.

La *haquet* est un sorte de charrette sans ridelles, à bascule, sur le devant de laquelle se trouve un gros moulinet qui sert, par le moyen d'un câble, à tirer de grosses marchandises pour les charger plus commodément. On fait usage des haquets dans les villes de commerce dont le terrain est uni, pour voiturer les tonneaux remplis de vin ou de liqueurs.

Le *camion,* petit haquet monté sur quatre roues faites d'un seul morceau de bois chacune, sert à traîner des bagages pesants et difficiles à manier.

L'*éfourceau,* assemblage massif d'un timon, de deux roues et de leur essieu, s'emploie au transport de gros fardeaux, comme des corps d'arbres, des poutres, etc. etc. On suspend ces poids à l'essieu avec des chaînes.

Le *fourgon* sert à porter du bagage ou des munitions. D'ordinaire cette voiture est montée sur quatre roues et chargée d'un coffre couvert de planches en dos d'âne.

Le charron fait usage pour ses travaux de l'*évidoir,* assemblage de pièces de bois, avec une échancrure, au milieu de laquelle on assujettit la *jante* (pièce de bois de 60 à 90 centimètres de long, courbée, et qui fait partie du cercle d'une roue) ; de l'*esselle,* morceau de fer courbé d'un côté, droit de l'autre, qui sert à dégrossir, à charpenter le bois ; de l'*amorçoir,* qui commence à former les trous ou mortaises dans les moyeux et les jantes ; de la *masse,* gros marteau qui chasse les rais dans les trous des moyeux ; du *gravoir,* outil tranchant d'un côté, avec lequel on coupe et fend des cercles de fer et d'autres pièces ; enfin de la *plane,* long morceau d'acier qui sert à polir l'ouvrage.

Le charron a ordinairement son atelier dans un faubourg. Le bruit qu'il fait est assourdissant. Sous plusieurs points de vue, les serruriers, les maréchaux et les charrons sont de la même famille. Autrefois les charrons reçurent de Louis XII leurs statuts ; on fut obligé de les renouveler en 1623, à cause de la diversité des ouvrages. On avait même confondu les charrons avec les carrossiers, qui ne faisaient plus qu'un seul et même corps. A présent les charrons ne luttent plus avec les carrossiers, et ces deux métiers sont distincts.

LE VERRIER

L'invention du verre est de la plus haute antiquité. De tous les anciens peuples, les Égyptiens paraîtraient être ceux qui ont le mieux travaillé le verre ; ils possédaient à Diospolis, capitale de la Thébaïde, une verrerie très considérable ; on cite parmi les ouvrages difficiles exécutés par eux des coupes d'une espèce de verre porté jusqu'à la pureté du cristal, et représentant des figures dont les couleurs changeaient suivant l'aspect sous lequel on les regardait ; en outre, ils ciselaient le verre et le travaillaient au tour ; ils savaient même le dorer.

On ne commença à faire du verre à Rome que sous Tibère. Les vases et coupes de verre blanc transparent furent inventés sous le règne de Néron ; ces vases, que l'on tirait d'Alexandrie, étaient d'un prix immense. Indépendamment des vitrines dont on se servait pour l'usage ordinaire (comme on en trouve encore de nos jours au cabinet d'Herculanum), il y en avait de destinées à conserver la cendre des morts. Les anciens employaient même le verre pour paver les salles de leurs maisons. A cet effet, ils ne se servaient pas seulement de verres d'une seule couleur, ils en prenaient aussi de colorés, et en composaient des espèces de mosaïques.

Ainsi que beaucoup d'autres, la découverte du verre

serait, selon Pline, due au hasard. Des marchands de nitre, qui traversaient la Phénicie, s'étant arrêtés sur les bords du fleuve Bélus pour y faire cuire leurs viandes, mirent, à défaut de pierres, des morceaux de nitre pour soutenir leurs vases ; ce nitre, mêlé avec le sable, ayant été embrasé par le feu, se fondit et forma une liqueur transparente qui se figea et donna la première idée du verre. Cette espèce de verre devait être assurément très grossière ; mais il n'en fallait pas davantage à des observateurs pour faire des tentatives tendant à perfectionner le produit du hasard.

En dépit de Pline, l'invention du verre aurait bien pu suivre d'assez près celle des briques et de la poterie ; il est bien difficile, en effet, lorsqu'on a mis le feu à un fourneau à briques ou à poterie, qu'il n'y en ait pas quelques parties converties en verre. Au reste, avant d'en venir à produire le verre par un mélange de silice et de différentes matières exposées à l'action d'un feu violent et continu, l'homme a fait d'abord usage de certains produits que la nature plaçait sous sa main, comme le gypse et le talc, qui ont la transparence du verre, et qu'on a longtemps employés, pour cette raison, en place de vitres; ensuite le cristal de roche, verre naturel formé par la cristallisation, aura bien pu remplacer également le verre artificiel ; mais, outre que les grands morceaux d'une beauté passable sont fort rares, il est si dur, qu'on ne le travaille qu'avec peine ; il ne pouvait donc tout au plus servir que comme modèle offert par la nature aux imitations de l'homme. Enfin le papier pénétré d'huile, avec sa demi-transparence, a tenu au besoin lieu de vitres dans les endroits où peu de lumière suffisait. Chaque art a ses longs tâtonnements, ses essais multipliés, avant d'en venir à de premiers résultats satisfaisants, et dès ce moment sa perfection est encore souvent l'ouvrage de bien des siècles.

La fabrication du verre est une des plus curieuses que

l'on connaisse ; mais c'est aussi l'une de celles par lesquelles la santé de l'homme est le plus compromise. Oui, c'est un rude et pénible métier que celui de verrier, exposé sans cesse à l'ardeur de ces fours dévorants qui le minent et le dessèchent ! Pour se faire une juste idée de tout ce qu'il y a d'ingénieux dans la confection d'une simple bouteille, il faut voir, dans une verrerie, les manutentions minutieuses que subit le verre dans les mains de l'ouvrier... Une bouteille est bien peu de chose, et pourtant l'industrie qui la produit est vraiment admirable.

La manière de faire le verre à vitres diffère peu de la fabrication des autres espèces de verre. Avant de connaître l'usage des vitres, on se servait de jalousies et de rideaux dans les pays chauds, comme de nos jours encore dans la Turquie d'Asie. En Chine, les fenêtres ne se ferment qu'avec des étoffes fines enduites de cire luisante. Longtemps les Romains se contentèrent de treillis ; à mesure que s'accrut le luxe, ils s'avisèrent d'employer, en place de la vitre, qu'ils ne connaissaient pas encore, le gypse qu'ils fendaient en feuilles minces. Les gens opulents fermaient les ouvertures de leurs salles de bains à l'aide d'agates et de marbres blancs délicatement taillés. C'est dans les pays froids que l'usage d'employer le verre s'est d'abord introduit, et vraisemblablement dans les églises pour se mettre à l'abri de l'intempérie des saisons ; plus tard, l'art se perfectionnant, on aura fait servir ces vitres à décorer les églises au moyen de belles peintures dont on sut les enrichir.

LE PAVEUR

Voyez ces hommes mal vêtus qui ont le privilège d'arrêter ou de forcer à se détourner les voitures des plus hautes excellences : ce sont des paveurs. A eux le milieu de la rue. Gais, insouciants, ils travaillent sans s'occuper le moins du monde des piétons obligés de se coller contre le mur, ou des cochers contraints à prendre une autre route.

Oh ! c'est quand il faut réparer une rue de Paris qu'il y a encombrement de peuple, de charrettes, de marchands ; on nage dans la boue. Mais ce serait bien pis encore si, comme autrefois, on marchait sur le sol : que deviendraient nos pantalons blancs ou nos garnitures de robes ?

Je m'étonne que nos pères, qui sortaient en bottines de couleur, en justaucorps de satin, en manteau de velours, n'aient pas eu plus tôt l'idée de rendre Paris praticable aux piétons ; il est vrai que les gens riches ont eu de tout temps la ressource des chevaux et des voitures.

Plusieurs villes avaient leurs rues principales pavées au commencement de l'ère vulgaire ; mais, de toutes celles qui sont placées en tête de l'Europe moderne, pas une, excepté Rome, ne connut cette amélioration importante avant le xiie siècle.

Paris revendique la gloire d'avoir été pavé le premier ; on dit pourtant que Cordoue l'était en 850.

Rigord, médecin de Philippe II, rapporte que le roi, étant un jour à la fenêtre de son palais, qui dominait la Seine, s'aperçut que les voitures, en passant sur la boue, répandaient une odeur forte, désagréable : il résolut de remédier à cet inconvénient en faisant paver les rues ;

l'ordre en fut donné en 1184. Le nom de *Lutetia*, que portait originairement cette ville à cause de ses boues, fut alors changé en celui de Paris. Cet exemple de la capitale, les villes secondaires le suivirent bientôt. Dijon commença en 1391.

Environ cent ans après que les rues de Paris avaient été pavées, du moins en partie, un ordre de Philippe le Hardi, daté de 1285, enjoignit à chaque bourgeois de balayer à ses frais le pavé devant sa maison; mais lorsque la ville se fut accrue en étendue et en population, les habitants des faubourgs se plaignirent que cette obligation leur était onéreuse ; il fut donc arrêté plus tard que les rues seraient nettoyées aux frais du public et sous l'inspection de la police ; on mit à cet effet un impôt sur le vin. Il fut en même temps défendu de laisser courir des cochons dans la rue, à l'occasion du cruel accident survenu au jeune roi Philippe. Ce prince revenait de Reims, où il avait été couronné; comme il passait devant Saint-Gervais, un cochon se jeta dans les jambes de son cheval, qu'il renversa, et il mourut de sa chute.

La défense portée contre les cochons déplut aux moines de l'abbaye Saint-Antoine, qui prétendirent qu'on ne pouvait empêcher ces animaux d'errer librement dans les rues. On fut donc obligé de composer avec les moines, et il resta convenu que les cochons du monastère se rouleraient impunément dans la boue des rues, pourvu qu'ils eussent une cloche au cou.

Le nettoyage des rues était anciennement regardé comme une œuvre vile ; on y employait en quelques lieux les juifs, et ailleurs les valets du bourreau. C'étaient aussi les juifs qui nettoyaient les rues de Hambourg. En 1573, l'écorcheur, à Spandau, était obligé de balayer le marché de cette ville. Les rues de Berlin n'étaient encore que des chemins boueux en 1724.

Les paveurs sont sous la surveillance d'une espèce de chef qui dirige les travaux et fait la police des ouvriers.

L'un déracine le vieux pavé avec une pic pointu ; l'autre enlève la terre sale et boueuse ; il fait le lit du nouveau grès avec du sable de rivière qu'on apporte d'abord par charretées, puis qu'on distribue sur tous les points dans des brouettes ; celui-ci taille la pierre avec un marteau tranchant ; cet autre l'enfonce et l'affermit avec la *demoiselle,* instrument large du bas, mince du haut, ayant comme deux bras arrondis dont on sert pour l'enlever.

C'est sous les pavés, à une profondeur d'un mètre et souvent plus, que passent ces tuyaux qui portent dans nos magasins, nos cafés, nos théâtres, la brillante clarté du gaz. A côté de ces tuyaux s'étendent ceux des égouts et de l'eau.

On nomme chemins ferrés les petites routes de traverse qu'on a couvertes de cailloux bien serrés et fortement enracinés en terre. Rien ne sied mieux aux chevaux et plus mal aux piétons. C'est ainsi qu'est pavée presque toute la ville de Lyon et toutes les villes situées au pied des montagnes.

A Naples on se sert pour cet usage de pierres de lave ; plusieurs rues de Milan sont dallées.

Mais aujourd'hui l'asphalte bien unie de nos chaussées et le pavage en bois des boulevards ont détrôné les pavés de grès, dont les cahots et le tapage rendaient si pénible un long trajet en voiture.

LE POTIER

L'art de la poterie, qui nous paraît si humble aujourd'hui nonobstant les immenses services qu'il rend dans tous les usages de la vie industrielle ou domestique, était cependant fort honoré des anciens, surtout chez les

Israélites. Ne voyons-nous pas, dans la généalogie de la tribu de Juda, une famille de potiers qui travaillait pour le roi et demeurait dans ses jardins ?

On attache l'origine de la poterie à un fait bien simple. Une nation sauvage des terres australes nous offre un exemple de la manière dont les premiers hommes seront parvenus à se créer des vases commodes. On a donc observé que les habitants de ces climats faisaient cuire leurs aliments dans des morceaux de bois creusés qu'ils mettaient sur le feu ; mais, comme l'action du calorique n'aurait pas manqué d'endommager promptement ces sortes de vases, ils s'étaient avisés, pour remédier à cet inconvénient, de les revêtir de terre grasse ; cet enduit les préservait et donnait aux aliments le temps de cuire.

Une pareille coutume a dû faire imaginer facilement la poterie. L'expérience ayant appris que certaines terres résistaient au feu, il était naturel de supprimer le vase de bois, bien qu'il eût donné cependant l'idée de mouler la terre et fait connaître la manière de l'employer à divers usages. L'Occident ne connut qu'assez tard cette invention, qui suffit pour immortaliser le nom de Chorœbus chez les Athéniens. Toutefois il est probable qu'on ne sut pas donner d'abord aux vases de terre ce degré de cuisson et ce vernis qui en font le principal mérite. Au reste, du temps de Porsenna, les Toscans faisaient des ouvrages en terre cuite qui le disputaient pour le prix, sous le règne d'Auguste, aux plus beaux vases d'or et d'argent.

Les Étrusques s'appliquèrent à leur tour à la confection d'ouvrages de poterie qui jouirent à Rome et ailleurs d'une grande célébrité ; ils possédaient toutes les différentes espèces de poteries dont nous nous servons aujourd'hui, et ils avaient trouvé le secret de les enduire de verre.

Il n'est pas de département en France où l'on ne trouve des terres propres à la poterie ; celle que les potiers emploient d'ordinaire est de l'argile un peu sablonneuse. On connaît trois principales espèces de poterie : celles de terre vernissée, de terre à creuset, de grès. On donne à cette dernière le nom de poterie de grès à cause de **sa** dureté, qui est telle, que, frappée par l'acier, elle fait feu comme la pierre à fusil.

La *roue* et le *tour* sont presque les seuls instruments dont se servent les potiers de terre : la roue, pour les grands ouvrages ; le tour, pour les petits.

Bien au-dessus **des** poteries communes dont nous venons de parler, il faut placer les poteries artistiques dues au génie créateur de Bernard Palissy, et retrouvées de nos jours par Avisseau, de Tours.

Bernard Palissy, né vers l'an 1500 dans le diocèse d'Agen, est le créateur d'un genre tout particulier de céramique. Ayant vu un jour une coupe de terre émaillée sortie des fabriques italiennes de Faenza, il ne rêva plus que d'en faire de semblables. Dès lors toutes ses pensées, toutes ses recherches n'eurent qu'un seul but. Il fit d'innombrables tentatives pour retrouver les émaux, et, après avoir dépensé toute sa fortune et brûlé jusqu'à ses derniers meubles, il eut le bonheur de réussir.

Les émaux de Palissy sont extrêmement remarquables tant par leur durée que par leur éclat et leur inaltérabilité ; le célèbre artiste entendait à merveille l'art de les associer, de les fondre les uns dans les autres. Mais ce qui n'est pas moins intéressant, ce sont les figures dont ce potier de génie ornait ses plats et ses coupes : les poissons, les crustacés, les serpents, admirablement modelés, se jouent dans des eaux transparentes, sur des rochers au milieu de feuillages d'un naturel exquis. Ces beaux travaux appelèrent aussitôt l'attention de tous les esprits d'élite du XVIe siècle, et Palissy, mandé aux Tuileries par Henri II, obtint le brevet d'*inventeur des rustiques figulines du roi*.

Les poteries de Palissy, appréciées à une haute valeur, sont aujourd'hui recherchées par tous les amateurs de belle céramique. Pendant longtemps, le secret des émaux de l'illustre potier a été perdu : ce secret a été retrouvé de nos jours par un autre potier, non moins habile que Bernard Palissy.

LE PORCELAINIER

Quel fut l'inventeur de la porcelaine, on l'ignore, et ce n'est pourtant pas faute de recherches à cet égard. Tout ce qu'on sait, c'est que, près de cinq siècles avant l'ère chrétienne, la porcelaine avait déjà cours en Asie. On ajoute que cet art des Chinois n'avait pas été ignoré des Égyptiens ; on prétendait même que ces derniers travaillaient la porcelaine par les mêmes procédés que nous ; d'où l'on peut conclure que cet art aurait passé de l'Égypte en Asie et de là en Chine. Les Portugais sont les premiers qui, vers l'an 1517, aient importé de la porcelaine en Europe ; toutefois un temps considérable s'écoula avant que l'usage en devînt commun.

Longtemps la porcelaine dite du *Japon* fut inconnue des États européens ; on croyait même que les Japonais tiraient la leur de Chine. Plus tard on reconnut que ces insulaires en faisaient qui n'était nullement inférieure à celle de leurs voisins. Elle se fabrique dans le Figen, la plus grande des neuf provinces du Ximo.

Dans ces derniers siècles, l'Europe commença à avoir à son tour ses manufactures de porcelaine, parmi lesquelles on distingue surtout celle de Saxe et celle de Sèvres. Ce fut le hasard qui fit connaître, en Saxe, le secret que les Chinois et les Japonais prenaient tant de soins de réserver pour eux seuls. Un chimiste, le baron Bocticher, en combinant ensemble des terres de différentes natures pour composer des creusets, fit cette précieuse découverte.

Bientôt le bruit s'en répandit en France, en Angleterre,
et les chimistes des deux pays travaillèrent à l'envi à faire
de la porcelaine, mais sans pouvoir y parvenir ; le secret

Bernard Palissy.

des Saxons fut cependant un moment trouvé, puis presque
aussitôt perdu, les deux hommes qui le possédaient étant
morts sans l'avoir publié. Le célèbre physicien Réaumur
soupçonna quelles étaient les vraies substances qui entraient

dans la composition de la porcelaine de Chine; il en donna l'analyse avec la manière d'en faire l'emploi ; plus récemment enfin, deux savants chimistes, Macquer et Montigny, enrichirent la manufacture de Sèvres du *kaolin* et du *pétunsé*, qu'ils avaient trouvés en France.

Ce sont, en effet, les deux seules substances dont on fait usage en Chine. Le kaolin est une argile très blanche, très liante, ayant toutes les propriétés des argiles. Le pétunsé est un vrai spath fusible, semblable à ceux qu'on trouve assez communément en divers endroits de la France. Ces spaths sont des pierres vitrifiables de la nature du quartz, des cailloux, du cristal de roche : seulement ils sont plus tendres.

Au surplus, pour faire de la porcelaine, on se sert en France d'une certaine terre d'une extrême blancheur, découverte en 1757 à Saint-Yrieix, dans le Limousin ; on a même découvert en 1812 la composition d'une nouvelle pâte et un émail à l'épreuve du feu.

La bonne porcelaine doit posséder les qualités intérieures et extérieures. La qualité intérieure se juge dans la cassure, qui doit présenter un grain très fin, très serré, très compact, également éloigné de l'aspect mat et terne du plâtre et du reflet luisant de l'émail fondu. Sa qualité extérieure consiste dans une blancheur éclatante, une couverte nette, uniforme et brillante, des couleurs vives, fraîches et bien fondues, des peintures élégantes et correctes, des formes nobles, bien proportionnées et bien variées ; enfin par de belles dorures et autres ornements de ce genre.

En outre, la bonne porcelaine doit soutenir alternativement, sans se casser ni se fêler, la fraîcheur de l'eau près de se geler et le degré de chaleur de l'eau bouillante, du café, du lait en ébullition qu'on y verse brusquement ; elle doit rendre, quand on frappe des pièces entières, un son net et timbré qui approche de celui du métal. Ses fragments jettent, sous les coups du briquet, des étincelles vives et nombreuses, comme les pierres à fusil ; enfin elle soutient le plus haut degré du feu, celui d'un four à réverbère, par exemple, sans se fondre, sans se boursoufler, en un mot, sans être altérée d'une manière sensible.

On a fait à la Chine, au Japon et dans toutes les autres contrées de l'Inde, des porcelaines qui possèdent toutes ces bonnes qualités, mais qui, pour l'ordinaire, ne sont pas d'une parfaite blancheur. En Europe, au contraire, et surtout en France, on fabrique des porcelaines de la plus grande beauté. Rien ne peut notamment se comparer aux admirables produits de la manufacture de Sèvres.

L'art du porcelainier se divise en trois grandes opérations différentes: 1º la préparation de la pâte; 2º la cuite ; 3º l'amalgame, la fonte, la vitrification des couleurs pour arriver à la peinture des porcelaines.

C'est en 1749 que Taunay, orfèvre à Paris, a trouvé la manière d'appliquer les couleurs sur la porcelaine, et de leur donner un éclat aussi vif que durable.

LE COFFRETIER

Rien de plus simple que l'art du coffretier-emballeur, qu'on appelle aussi layetier; il consiste à faire des coffres, des malles, des caisses en bois blanc, des gaines de chapeaux, etc.

Pour fabriquer une malle, l'ouvrier commence par construire le *fût,* c'est-à-dire la carcasse ou le coffre, qui est ordinairement de bois, moitié chêne et moitié sapin. Quand ce fût, de forme longue, rond en dessus, plat en dessous, se trouve monté, on façonne le couvercle ; on y met les charnières. Cela fait, l'ouvrier *engorge* la malle, je veux dire qu'il met de la toile au fût de la malle, tout autour de la fermeture ; puis, avec de la colle composée de rognures de peau, il enduit tout le corps de la malle, et la recouvre d'une peau, d'une étoffe ou d'un cuir.

Quand la malle est ainsi revêtue et garnie, on la ferre ; en dedans, on la couvre de toile ou de coutil, puis on la *rubane :* cela veut dire qu'on garnit le dedans du couvercle avec des rubans. On place à chaque bout de la malle des anneaux ou des poignées avec des pattes en fer, pour qu'on puisse la soulever ; enfin on y pose une serrure et un ou deux porte-cadenas.

Après cela, la malle part, voyage, fait quelquefois le tour du monde. Et dans cette malle, qu'a confectionnée le pauvre ouvrier, seront peut-être enfouis des trésors cachés, des secrets d'État !

Méfiez-vous des malles, ce sont des recéleuses ; aussi, avant de visiter les poches d'un voyageur suspect, a-t-on soin de fouiller soigneusement ses malles. C'est que les malles contiennent souvent des doubles fonds qui défieraient l'œil le plus scrutateur.

Les coffretiers nomment *tortillon* cet assemblage de clous blancs qu'ils mettent comme ornement sur le couvercle des malles, et qui sont rangés en manière de figure tortillée.

On fait des coffres en peau de chagrin, assez petits et forts élégants ; en voyage, il peuvent contenir tout ce qui est nécessaire pour la toilette, sans que rien se dérange ou se brise.

Autrefois il était défendu à tout coffretier de commencer son ouvrage avant cinq heures du matin, et de le finir plus tard que huit heures du soir, afin que le voisinage ne fût point incommodé du bruit inséparable de ce métier. Aujourd'hui nous sommes moins difficiles, et les artisans travaillent jour et nuit, suivant leur bon plaisir.

LE RÉMOULEUR

La profession de rémouleur, comme celle de ramoneur et quelques autres, est exercée par des Auvergnats, des Savoyards, des Lorrains, des Piémontais, par ces enfants perdus qui, fuyant une contrée stérile, viennent à Paris gagner du pain. Cet état n'est pas de ceux qu'on adopte par une impérieuse vocation. On le prend parce qu'il est facile, qu'il ne demande point d'apprentissage et procure un salaire presque immédiat. Certaines gens se vouent par inclination à la typographie ou à la confection des lampes, afin de contribuer d'une façon ou d'une autre à la propagation des lumières ; ou bien à l'horlogerie, pour régler l'emploi de notre temps ; à la boulangerie, par amour pour le genre humain ; à la bijouterie, pour venir en aide à la nature en l'embellissant : que vous dirais-je encore ? Mais il est impossible de supposer dans un individu quelconque un penchant irrésistible pour l'état de rémouleur. La nécessité seule, le besoin de manger, décide le choix qu'on fait de ce métier, peu fructueux, ni nous devons en croire l'ancienne désignation de *gagne-petit ;* car tout porte à croire que ce surnom vient de la modicité des bénéfices du rémouleur.

L'amour des voyages entre aussi dans les causes dominantes. Il est une race d'hommes inquiets, inconstants, possédés d'un insatiable désir de locomotion, qui aiment à errer de ville en ville comme de véritables bohémiens ; c'est cette passion de la vie nomade qui fournit toutes ces recrues du rémoulage.

Au reste, on n'entend presque plus aujourd'hui crier dans les rues de Paris : *Repassir... ciseaux!* le métier a été tué par le repassage sur une échelle plus vaste qu'ont entrepris les couteliers. Ces derniers mettent prétentieusement sur les panneaux de leurs boutiques cette inscription funeste aux rémouleurs ambulants : « On repasse tous les samedis, ou tous les lundis, ou tous les mercredis, » selon la fantaisie de ces messieurs.

La plupart des rémouleurs qui persistent à séjourner dans la capitale y ont pris un établissement fixe ; d'ordinaire ils se tiennent à l'entrée des marchés, et y trouvent assez de clientèle pour gagner 2 fr. 50 par jour.

LE MARÉCHAL FERRANT

Quand vous voyez un ouvrier tenant en l'air le pied d'un cheval, un autre frappant ce pied à grands coups de marteau, il y a nécessité urgente ; il faut qu'on ferre l'animal, c'est-à-dire qu'on lui cloue à la *corne* un cercle de fer qui recouvre toute sa surface inférieure, et sur lequel il marchera.

Nous portons des souliers, pourquoi ? C'est parce que les pierres, le sable, le verre cassé, nous déchireraient les pieds. Eh bien, il en est de même du cheval ; ses fers lui sont aussi indispensables qu'à nous nos souliers ; ainsi que nous, dans ses courses, il se blesserait les pieds.

Le maréchal ferrant est moins qu'un médecin et plus qu'un simple artisan. C'est l'Esculape des chevaux, celui qui a la science dans la tête, et la reçoit par tradition sans la rechercher dans les livres.

Le maréchal porte ses outils dans deux sacoches adaptées à ses côtés, par-dessus son tablier de cuir. Le tablier a pour objet de préserver de la limaille enflammée que les coups de marteau font jaillir, comme une pluie de feu, du morceau de fer qui se tord tout rouge sur l'enclume. Bien souvent aussi ce tablier amortit, sur les genoux qu'il recouvre, les brusques mouvements des chevaux lorsqu'ils ne veulent pas qu'on renouvelle leur chaussure.

Pour le maréchal, le tablier est avec le fer l'insigne du métier. Vulcain et les Cyclopes avaient des tabliers de cuir, de même que saint Éloi; demandez plutôt aux maréchaux. Aussi bien diront-ils que c'est observer une vieille tradition fort respectable que de vider quelques bouteilles d'un vin généreux pour célébrer la bienvenue d'un nouveau tablier dans l'atelier. Cela s'appelle *arroser le tablier neuf*.

Les plus riches oiseaux de l'Orient fournissent des *époustails* aux odalisques ; la noble queue de l'étalon, attachée au bout d'un manche de bois, sert de *chasse-mouches* pour tous les chevaux qui subissent la ferrure ; cet emploi de chasse-mouches est confié à un palefrenier, qui souvent, dans l'ardeur de son zèle, en caresse à tour de bras le visage du maréchal ferrant, que découvre tout à coup un mouvement inattendu du cheval qu'il ferre.

La hiérarchie du métier commence au vétérinaire, et finit au teneur de pied.

Le vétérinaire, c'est l'oracle qui prononce en termes savants la guérison ou le décès des malades. Ce vétérinaire siège dans une pharmacie, d'où il se transporte à domicile. Sa science est dans son bistouri, et son bistouri est dans sa poche. Depuis que les vétérinaires s'intitulent *médecins,* il ne faut pas les comparer à ces artistes enfumés qu'on nomme *experts,* lesquels au surplus, en dépit de l'école d'Alfort, se permettent souvent de sauver les malades abandonnés.

Quant aux teneurs de pied, ce sont les manœuvres des maréchaux ferrants. Ils ont besoin de deux bras robustes et d'une pipe. La pipe est de rigueur pour les distraire de la monotonie de leurs fonctions.

Outre les outils de main du maréchal, qui sont nombreux, le matériel de la forge se compose de soufflets inamovibles, d'enclumes, de bigornes, d'étaux, de billots, d'éponges à feu, de pelles, de charbon, etc. Il y a de plus des cercles de roues usées qu'on nomme *lopins*, avec lesquels on fabrique les fers.

Les chevaux se ferrent ordinairement sous un hangar. Pour contenir ceux qui sont méchants, on a certaines machines de bois appelées *travail*, puis de larges cordes qui servent à les garrotter. On leur tord aussi le nez pour les tenir en respect et empêcher tout mouvement hostile de leur part.

Chez le maréchal ferrant il y a peu de ruses du métier. Quelquefois sans doute des ouvriers maladroits enfoncent les clous trop avant dans le pied du cheval; le propriétaire est étonné de le voir boiter quelques jours après. Il ramène l'animal à la forge. Un peu d'onguent rosat couvre la bévue du maréchal. D'autre fois il aura coupé la corne avec tant de négligence que le fer s'en va ; l'animal, perdant ainsi sa chaussure, boite et se traîne en souffrant, surtout si ce malheur lui arrive au milieu de la nuit.

On ferre les chevaux à la planche, à la turque, à l'anglaise. Il est peu d'états qui exigent autant de force et d'activité.

Le nom de maréchal vient de deux mots allemands : *mar*, cheval ; *schaleck*, serviteur.

Jadis, à Bourges, les maréchaux ferrants devaient donner tous les ans aux maréchaux de France huit fers et huit clous.

LE MIROITIER

L'invention des glaces est une des plus belles merveilles
de l'industrie; elle était inconnue des anciens; mais il n'en
fut pas de même des miroirs. En représentant les objets
dans le cristal de ses eaux, la nature a fourni aux hommes

Coulage d'une glace.

leurs premiers miroirs; cette observation les excita à en
avoir d'artificiels. Cicéron en attribue l'invention au premier Esculape. On sait que Moïse fit faire un bassin d'airain
en fondant les miroirs des femmes qui se tenaient assidù-
ment à la porte du tabernacle. On fit des miroirs d'airain

poli, d'étain, de fer bruni ; on en composa aussi du mélange de l'étain avec de l'airain ; ceux qu'on fabriquait à Brindes passaient pour les meilleurs. Un certain Praxitèle, autre que le fameux sculpteur, et contemporain de Pompée, en fit d'argent. Ces derniers eurent la préférence sur tous les autres, jusqu'à l'époque où on les abandonna pour ne plus se servir que de verre.

Les glaces sont un des plus beaux objets de luxe de nos appartements ; elles nous représentent la peinture fidèle de toutes choses, multiplient les objets, répandent une clarté resplendissante dans un salon, surtout à la lumière des bougies. C'est de Venise que la France tirait primitivement ses glaces ; mais depuis longtemps elle en fournit à son tour à l'Europe entière, et c'est au grand Colbert qu'elle est redevable de la conquête de cette admirable industrie. Il se trouvait beaucoup d'ouvriers français dans la manufacture de Venise ; ce ministre les rappela à force de promesses et les retint à prix d'argent. En 1634, Grammont et d'Anthonneuil obtinrent le privilège de fabriquer des glaces et miroirs à Paris ; mais cette industrie languissait, lorsqu'en 1666 Colbert lui donna une vie et une impulsion nouvelles, en faisant construire les vastes bâtiments qu'elle occupe rue de Reuilly, et en l'érigeant enfin en manufacture royale. Dès ce moment, on commença à faire en France d'aussi belles glaces qu'à Venise, et de plus aujourd'hui d'une beauté et d'une grandeur incomparables.

Les glaces coulées n'ont été imaginées qu'en 1688. Ce coulage s'exécute à Saint-Gobain, en Picardie, magnifique établissement qui n'occupe pas moins de huit cents ouvriers ; on envoie de là les glaces brutes à Paris, où elles reçoivent le poli et le tain.

Rien de plus curieux que la série d'ingénieux procédés mis en usage pour couler, polir et étamer les glaces. Les matières premières qui servent à leur composition sont la soude et le sable. La soude en pierre se forme par la combustion d'une plante de ce nom qui croît le long des côtes de la mer. Quant aux miroirs, leur matière constitutive est le verre, notamment celui qu'on appelle « glaces à miroir ». On ignore en quel temps les anciens commencèrent à se servir du verre pour en faire des miroirs. Les verreries de Sidon ont fourni les premiers miroirs; on y travaillait très bien le verre, on le polissait au tour, on l'ornait de plat et de relief, comme les vases d'or et d'argent. Quant à la pierre spéculaire dont les Romains se servaient pour garnir les fenêtres afin de se garantir de la pluie et du mauvais temps, il ne paraît pas qu'ils l'aient employée à faire des miroirs.

L'usage des glaces de voitures nous vient d'Italie; c'est une importation de Bassompierre; celui des glaces de cheminées date de la fin du XVIIe siècle seulement; on en est redevable à Robert de Cotte, premier architecte du roi.

La composition du tain est un alliage d'étain et de vif-argent; son mode d'application sur un des côtés de la glace ou du miroir exige beaucoup de soins et d'apprêts divers.

Le travail des miroitiers se borne de nos jours à mettre les glaces au tain et à les encadrer. Comme dans beaucoup d'autres états, le simple marchand usurpe le nom de fabricant.

LE LAMPISTE

L'industrie du fabricant de lampes a eu les commencements les plus modestes. A l'origine, la lampe n'était qu'un petit vase de métal ou de terre, avec un bec saillant d'où sortait une mèche de coton. Il n'y avait là aucun art, sauf pourtant dans la forme et dans les ornements du vase.

Pendant tout le moyen âge on en demeura à la lampe antique, qui, avec son inévitable filet de fumée nauséabonde et sa lumière rougeâtre, pouvait rivaliser avec les chandelles de résine ou de suif. Le premier perfectionnement introduit dans cet appareil primitif fut celui d'un réflecteur métallique inventé en 1765 par Bourgeois de Châteaublanc, dans le but de multiplier la lumière émise par les lanternes à huile. De là le nom de *réverbères* appliqué aux lanternes de ce genre qui, à partir de 1769, furent adoptées pour l'éclairage public de la ville de Paris, que le gaz et l'électricité ont complètement fait disparaître.

En 1783, une révolution fondamentale se fit dans les instruments d'éclairage. Ami Argand, originaire de Genève, ayant remarqué que la flamme des lampes n'était brillante qu'à l'extérieur, là où elle est en contact avec l'air atmosphérique, tandis qu'à l'intérieur elle reste sombre et fumeuse, songea à remédier à cet inconvénient par la nouvelle disposition des mèches : il fit des mèches de forme cylindrique, de sorte que la flamme n'avait qu'une épaisseur médiocre et se trouvait caressée par l'air atmosphérique, grâce au double courant d'air qui circulait au dehors et au dedans du cylindre de coton; à ce premier perfectionnement vint s'en joindre immédiatement un second, par l'emploi d'une cheminée de verre, destinée à provoquer, dans l'espace occupé par la flamme, un tirage considérable et par conséquent une combustion plus rapide. Les lampes d'Argand, ainsi disposées, donnent une belle lumière.

L'invention d'Argand lui fut disputée par un pharmacien nommé Quinquet, qui parvint même à donner son nom au nouveau modèle de lampe.

Le *quinquet,* ou plutôt la lampe d'Argand, ne tarda pas à recevoir des améliorations de détail. On imagina une crémaillère pour élever ou abaisser la mèche, et augmenter ainsi ou diminuer la lumière à volonté; l'huile fut placée, soit latéralement dans un réservoir supérieur à la flamme, soit au-dessus de la flamme dans un anneau de métal, double disposition également vicieuse, car on ne pouvait profiter de la lumière sur tout le pourtour de la mèche.

Vers 1800, Carcel inventa la lampe mécanique qui porte son nom. Un mouvement d'horlogerie, qu'on monte au moment d'allumer la lampe, fait mouvoir une petite pompe foulante qui, par son jeu continuel de va-et-vient, foule l'huile et la pousse dans le tuyau d'ascension. Ce mécanisme est placé à la base de la lampe, dans le pied, et la lumière, supérieure à tout obstacle, est entièrement utilisée. Cette disposition est ingénieuse; mais elle est compliquée, délicate, et elle coûte cher.

L'invention de la lampe *à modérateur* a créé une concurrence redoutable à la lampe Carcel. Dans cette lampe, le réservoir est placé dans le pied; un piston de cuir, poussé par un ressort à boudin qu'on monte au moyen d'une clef et d'une crémaillère, foule l'huile et la force à monter dans un tuyau d'ascension jusqu'à la flamme; une fine aiguille, engagée dans ce tuyau, gêne ou facilite le passage de l'huile, selon la pression plus ou moins forte du piston. L'huile, après avoir alimenté la flamme, retombe au-dessus du piston, où elle séjourne jusqu'à ce qu'on le remonte. Tel est le mécanisme fort simple de la lampe à modérateur, aujourd'hui répandue partout. Au foyer du pauvre, elle est souvent remplacée par la lampe à pétrole, qui n'exige absolument aucune espèce de mécanisme, l'aspiration capillaire suffisant à l'alimentation de la flamme.

Les dangers d'incendie que peut occasionner l'essence de pétrole n'en empêchent point néanmoins le fréquent usage.

Depuis quelques années, nous voyons un nouveau système renvoyer l'antique lampe Carcel au pays des vieilles lunes. Je veux parler de ces lampes à une, deux, huit ou seize mèches, sans aucun mécanisme, plongeant dans un réservoir rempli d'une huile qualifiée d'un nom quel-

conque, mais qui n'est à tout prendre qu'une huile miné-
rale plus ou moins épurée. Ce nouveau système d'éclairage,
qui ne présente point les dangers de la lampe à essence
de pétrole, offre le triple avantage de ne nécessiter presque
aucun entretien ni préparation, d'être économique et de
présenter une lumière fixe, très blanche et sans odeur.

LE SCIEUR DE BOIS

Voici l'hiver, l'hiver froid, humide, rigoureux, contre
lequel chacun doit se prémunir. C'est la saison des fourrures, des manteaux, des poêles. Vite sortez, bonnes
ménagères; courez aux chantiers; là gisent des forêts
entières d'arbres étagés les uns sur les autres, formant
des dessins variés : on va les faire rouler à terre, les
mesurer, les charger sur des charrettes; car voici l'hiver
avec ses rigueurs.

On achète du bois à la corde, à la voie, au stère ou
demi-voie, au quart; il y en a de deux sortes, le *neuf* et
le *flotté*. Les pauvres gens recourent aux falourdes, aux
fagots, aux cotrets; ceux-là n'ont le moyen d'avoir chaud
qu'en détail.

Le *scieur de bois* est tout simplement un commissionnaire du coin de la rue. Souvent le même homme entreprend le matin un déménagement, et dans l'après-midi
va scier une voie de bois. Nous disons : « Fort comme un
Turc; » et les porte-faix de Constantinople disent : « Fort
comme un Franc. » Il faut bien du courage pour un métier
si rude.

Tandis que l'un coupe et fend le bois, un autre le descend sur des crochets à la cave ou le monte au grenier;

c'est toujours l'adjoint du commissionnaire qui a cette corvée.

On divise le bois de cheminée en trois ou quatre traits; celui de poêle, en cinq; chacun de ces traits se paye 75 centimes par voie.

Avant qu'on ait commencé le sciage, le portier vient prélever sa bûche, qui ordinairement n'est pas la moins belle : c'est un droit légitimé par l'usage, et juste par conséquent. Au fait, pourquoi n'aiderions-nous pas à se chauffer celui qui nous attend fort avant dans la nuit, pendant que nous sommes renfermés dans une salle de bal, dans un théâtre?

La plupart des scieurs de bois viennent de l'Auvergne. Cette contrée âpre et froide, ses habitants la désertent pour aller dans les principales villes de l'Europe exercer diverses industries productives. Ces hommes forts, ayant peu de besoins à satisfaire, trouvent presque toujours moyen de revenir acheter du bien dans leur pays. Retirés là, ils s'y marient, ils y ont des enfants, qui à leur tour scieront du bois, étameront des casseroles, raccommoderont des parapluies ou vendront des peaux de lapins, comme faisaient leurs pères.

LE VANNIER

L'art du vannier passe pour être très utile, et il l'est réellement. En effet, soit luxe, soit besoins du ménage, cette industrie indispensable remonte à une époque reculée; concurremment avec les pots de terre pétrie et cuite, elle a été le principe de découvertes plus importantes.

Les Pères du désert, et les pieux cénobites que l'amour de la pénitence et de la vie contemplative entraîna dans le fond des forêts, exerçaient cet art au sein de leurs retraites; ils en tiraient la plus grande partie de leur existence.

Autrefois cet art fournissait des ouvrages d'une finesse merveilleuse, pour servir sur la table des riches : c'étaient des dessins à jour, des arabesques, des figures allégoriques. Maintenant la porcelaine et le cristal ont détrôné ce genre d'ornements, usité chez les Grecs et chez les Romains pour soutenir les fruits ou contenir des gâteaux sacrés. Les Hébreux se servaient aussi de corbeilles légères et flexibles.

De nos jours le vannier travaille surtout pour les cuisinières; il fait à leur usage des paniers à deux couvercles et d'autres moins solides. Voulez-vous un berceau pour votre enfant, ou un diminutif de berceau pour sa poupée, allez chez le vannier.

Cette classe de fabricants existait probablement chez les Égyptiens, puisque les tableaux de nos grands maîtres ne manquent jamais de nous représenter le jeune Moïse endormi voguant dans un berceau d'osier.

C'est au vannier que les blanchisseuses doivent le panier long sur lequel elles étendent les robes qu'elles ont à faire sécher. Le vannier construit nos fontaines et nos paniers à bouteilles. C'est de sa boutique que sort la hotte. qui, sur le dos du maçon, se remplit de plâtre et de gravois; qui, sur celui du fruitier, colporte des fleurs et des légumes. C'est lui qui nous fournit les tamis, les paniers à salade et à vendanges. Il n'y a pas jusqu'à la cage où bavarde notre pie, où siffle notre perroquet, où chante notre serin, la mue où s'agitent nos volailles, qui ne sortent de ses mains, surtout à la campagne, où n'est pas aussi répandu l'emploi des cages élégantes en bois et en fil d'archal.

Ainsi nous trouvons l'ouvrage du vannier partout.

Parlons maintenant de son travail. Le *van*, qui lui a donné son nom, est un instrument d'osier à deux manches, qui sert à vanner les grains pour en séparer la menue paille et la poussière. Cet instrument est l'objet principal du métier. Presque tout l'osier qu'on emploie à Paris vient de la Champagne ou de l'Orléanais, en paquets de plus d'un mètre de long, qu'on appelle *molles*.

On nomme *osier rond* celui qui n'est pas fendu. Avant de l'employer, on le *bassine*, c'est-à-dire on jette de l'eau dessus avec la main; ensuite on le descend à la cave, jusqu'à ce qu'il ait atteint la flexibilité nécessaire pour être travaillé, à moins qu'il ne soit fraîchement coupé.

Pour exécuter un ouvrage de vannerie quelconque, l'ouvrier fait, avec du gros osier rond ou même du bois menu, un bâti à claire-voie, auquel il donne la forme que doit avoir son ouvrage. Il en remplit ensuite les intervalles par des osiers plus ou moins flexibles qu'il entrelace avec propreté. Pour cette dernière opération, il fait usage d'un petit établi appelé *sellette*. C'est une forte planche de chêne, large de trente centimètres, longue de soixante, garnie, d'un côté seulement, de deux petits pieds en bois d'environ trois centimètres de haut. Le vannier se place derrière, assis ou à genoux, sur le grand établi de l'atelier.

Cet artisan emploie une foule d'outils, on ne saurait donc assez admirer l'adresse des Hottentots, qui, sans le secours des mêmes ressources, font, avec des racines tressées, des paniers ou terrines dont le tissu est si serré, qu'ils peuvent contenir le lait et l'eau. Ces vases tiennent depuis trois jusqu'à quinze litres de liquide. Ils ont en outre l'avantage d'être légers et de se plier comme on veut.

LE MAQUIGNON

Sous le nom de *maquignon* le marchand de chevaux élève et vend ces animaux si intéressants, si utiles; car, pour l'homme, le cheval est un ami, un compagnon fidèle, un second lui-même; il ne saurait s'en passer, et, quelques travaux qu'il entreprenne, presque toujours il se trouve avoir besoin de ce courageux serviteur.

Admirons l'ordre religieux établi ici-bas. Dieu a fait l'homme chétif; cependant, être faible, il commande : à cet effet, Dieu l'a pourvu d'une intelligence supérieure aux forces de son corps.

Or qui transporterait les pierres des carrières dans les villes? qui tournerait nos meules? qui porterait nos blés? qui traînerait les arbres dont nous voulons faire des poutres pour bâtir? qui nous amènerait le fer, ce métal si utile, soit pour construire les maisons, soit pour nous protéger? Serait-ce notre espèce qui pourrait s'atteler à des charrettes pesantes, les traîner avec courage, patience et résignation? S'il en était ainsi, peu de travaux s'exécuteraient; la moitié des hommes serait occupée à apporter à l'autre les matériaux dont nous avons besoin. Puis, employée à une tâche aussi rude, l'espèce humaine décroîtrait en beauté, en force même.

La Sagesse divine a donc tout prévu; elle est entrée dans nos besoins avant qu'ils existassent, et le cheval a été créé, dis-je, pour être l'ami, le compagnon et le soutien de l'homme.

Mais nous abusons toujours de cet animal utile. Toutes les peines, tous les mauvais traitements sont pour lui. Jeune et à peine sorti de l'écurie *natale,* est est vendu par le maquignon, adroit dans l'art de faire valoir ses qualités à quelque riche, qui lui fait apprendre son manège, c'est-à-dire l'art de bien tourner en rond, de galoper fort ou lentement et de bien prendre le trot. Quand le cheval est dressé, son nouveau maître le promène, et montre avec complaisance l'encolure fine, la tête droite, les jambes grêles de son gentil coursier. Alors celui-ci est ménagé, caressé, bien nourri : voilà son bon temps, comme le collège pour nous, pendant l'enfance.

Plus tard, quand l'âge lui a ôté sa grâce, sa légèreté,

quand l'embonpoint massif a remplacé sa finesse, on se
débarrasse de lui, et le maquignon le reprend ; mais c'est
pour le vendre à quelque meunier qui l'accable sous les
fardeaux, à un paysan qui le met à la charrue, à un entre-
preneur de bâtiments qui lui fait traîner des pierres, à un

Le cheval.

marinier pour lequel il remorque les bateaux, à un voi-
turier qui l'emploie au service fatigant du roulage, à un
cocher de fiacre qui le tue sous le fouet et sous les courses...;
et alors il n'est plus que maigre, maladif ; sa tête est pen-
chée, ses jambes faibles ; ses os saillissent et offrent déjà
son squelette ; enfin on ne le laisse pas même mourir tran-
quillement, et le malheureux animal est tué impitoyable-
ment quand son admirable mission d'utilité, de dévoue-

ment, de fatigue, est terminée; après sa mort, sa peau est encore utile à l'homme.

Le métier de *maquignon* est fort lucratif : il est indispensable aussi; car de ces marchands dépend la conservation des chevaux de chaque province. Ce sont eux qui fournissent à l'armée ces montures fortes et nerveuses qu'on va chercher dans les plaines de la Normandie, et qui, partageant les dangers du soldat, meurent sans crainte dans la bataille. Alors le cheval s'anime, comprend le danger de son maître en combattant lui-même, et sauve par la rapidité de sa course le pauvre soldat poursuivi de près. Il y aurait vraiment de l'ingratitude à ne pas aimer les chevaux.

Quant à ceux qui en trafiquent souvent à des prix fort élevés, leurs ruses sont passées en proverbe, quoiqu'il ne soit pas de règle sans exception. Par exemple ils vendent souvent des chevaux poussifs, qu'ils ont laissé reposer longtemps, afin qu'ils paraissent bons à l'essai.

A la moindre fatigue que l'acheteur leur cause, ces chevaux *cornent*, c'est-à-dire qu'ils sont essoufflés et qu'ils ne peuvent aller plus loin. Afin de faire paraître les chevaux plus âgés, ils leur arrachent les dernières dents de lait; pour les rendre plus jeunes en apparence, ils liment les dents aux vieux. Pauvres bêtes, comme on vous martyrise! Pauvres amateurs de chevaux, comme on vous trompe!

L'AFFICHEUR

Les personnes qui voient poser sur les murs quelque placard imprimé ne réfléchissent pas toujours à l'immense utilité des affiches, à leur but, à leur résultat.

Ce singulier mode de publicité est de date assez récente;

il resserre les liens de la société en exposant à tous les yeux les découvertes des uns, les améliorations des autres; en amenant le pauvre chez le riche ou chez le marchand qui a besoin d'un secrétaire, d'un commis; en appelant les classes ouvrières aux cours publics, où on leur apprend la morale, l'histoire, le calcul; en attirant l'attention sur les plaisirs publics tels que les bals, les spectacles, etc.; en la détournant enfin du mauvais emploi du temps, des dissipations dangereuses.

L'afficheur est un personnage qui ne manque pas d'une certaine importance, comme tout homme qui exerce un office public. Voyez-le venir tenant à la main son petit seau oblong, dans lequel trempe un gros pinceau. Son dos est chargé d'une courte échelle : il s'en sert pour coller ses affiches à hauteur d'entresol, s'il craint que le soir, à la faveur des ténèbres, un chiffonnier vandale ne les vienne arracher.

Qui a donc mis l'afficheur à la mode? Ce sont les gens occupés à tuer le temps devant les boutiques en vogue, ces gens fatigués d'eux-mêmes, des heures trop longues, des distractions trop courtes. Dès qu'ils avisent un afficheur, soudain les voilà qui se pressent autour de lui. Pendant que cet honnête journalier enduit la muraille de colle avec la dignité d'un homme qui sait qu'on le regarde, chacun commente, discute, examine la couleur du papier. Ce doit être une annonce de bien à vendre, un remède contre la goutte; que sais-je? L'affiche, une fois déployée, donne souvent un démenti singulier aux conjectures. Lisez : c'est un tailleur qui propose sa marchandise au rabais, un restaurant nouveau qui s'ouvre, une vente par autorité de justice, ou mieux encore un *chien perdu,* poil roux, queue en trompette, qui répond au nom d'Azor, et que l'on est prié de rapporter à sa maîtresse moyennant vingt francs de récompense.

L'habitude qu'ont certaines gens d'arracher, chaque soir, toutes les affiches indistinctement pour les vendre à la livre, est un grave inconvénient pour ceux qui recherchent la publicité du placard.

Une compagnie avait trouvé le moyen d'empêcher cette destruction nocturne de l'ouvrage du matin, en établissant sur plusieurs grands murs de Paris des espèces de contre-vents en tôle se fermant le soir sur les affiches, qu'on garantissait ainsi, moyennant une faible rétribution, des mains subtiles qui savent si bien les arracher. Cette entreprise était réellement utile, car les affiches sont un excellent moyen de publicité ; et, posées dans tous les quartiers, elles font correspondre immédiatement ensemble des personnes qui sans cela demeureraient souvent étrangères les unes aux autres. Il arrive quelquefois, il est vrai, qu'on en abuse et qu'on est trompé par le charlatanisme ; mais le plus souvent on recueille des avantages très réels de ce mode de correspondance entre les habitants d'une même ville.

V

LUXE ET BEAUX-ARTS

LE SCULPTEUR

Le premier qui découvrit sous la terre un bloc de marbre dut comprendre que cette matière précieuse n'était pas destinée à la construction des maisons. Mais quel génie imagina de dégrossir ce bloc informe et d'en tirer une statue à notre modèle? Cette masse qui ne dit rien à l'œil, eh bien! le sculpteur, avec son maillet et son ciseau, va l'animer; il va créer des corps, des visages, représenter avec la pierre des passions telles que la colère, la crainte, etc. etc.

Pour les tirer du bloc, cette statue, ce héros, ce dieu, cette déesse, il faut que l'artiste les ait déjà créés dans sa pensée. La sculpture est donc l'art d'imiter en *relief* les choses palpables de la nature. On y emploie le marbre, la pierre, l'ivoire, le bois, le plâtre, la cire, en un mot, toutes les substances qui possèdent ou acquièrent de la dureté.

Les anciens se sont servis de l'ivoire pour sculpter. Mais le marbre passe avant tout; il n'y a personne qui ne soit charmé de l'aspect d'une figure de marbre, et qui n'y reconnaisse quelque chose de merveilleux. Il est si beau de contempler sur son piédestal la statue d'un bon roi, d'un citoyen qui a rendu de grands services à la patrie!

La sculpture a donc l'avantage de perpétuer chez nous l'amour de ce qui est noble et beau. Quelle idée grande l'enfance se forme du Christ, quand elle le voit sur sa croix dans une église! quand elle contemple ce corps dont les formes sont célestes, bien qu'amaigries par la souffrance!

Quel collégien ne comprendra avec plus d'ardeur l'étude de la mythologie, quand le dimanche il aura vu au Louvre l'Apollon du Belvédère, la Diane Chasseresse, le Jupiter Olympien! Ces brillantes divinités de la Grèce et de Rome ne sont plus fabuleuses, elles sont devant nos yeux avec leurs attributs. L'un, le dieu du jour, vient de vaincre le serpent Python, et reste dans l'attitude d'un homme dont la flèche a tué son ennemi; il est fier et hautain. La déesse des forêts porte la main à son carquois; elle tient une biche captive. Voyez comme la taille de Diane est svelte, élancée! Quant au Jupiter, n'est-ce pas là le véritable maître du monde assis sur son trône et tenant en main la foudre?

Quelle noble expression dans toutes ces têtes! et combien le jeune homme peut, en les étudiant, sentir naître en lui d'idées élevées! La sculpture, comme les beaux-arts en général, est une voie de plus pour conduire à la religion, à la gloire, à l'amour des grandes choses.

Parmi les sculpteurs anciens, Périllus nous offre un déplorable exemple de l'abus de l'art, accompagné d'un châtiment plus affreux encore. Périllus fit pour Phalaris, tyran d'Agrigente en Sicile, un taureau d'airain creusé dans le dessein d'y renfermer ceux que celui-ci voulait faire mourir. Un grand feu allumé sous cette statue consumait lentement celui qui y était renfermé, et les cris que lui arrachaient ses souffrances imitaient les mugissements du taureau. Le tyran, pour récompenser l'artiste, lui fit faire le premier essai de son exécrable ouvrage : digne châtiment de ceux qui osent tourner contre l'humanité ce qui est destiné à la glorifier. Au reste, Phalaris, détrôné bientôt par les Agrigentins révoltés, fut enfermé lui-même dans son taureau, et y expia le crime de l'avoir conçu.

Il est essentiel de faire observer que tous les sculpteurs célèbres de l'antiquité appartenaient à l'Asie, à l'Afrique, pays qui possèdent aujourd'hui, à cause de leur religion mahométane, l'horreur de la sculpture; pays où l'on ne trouverait pas aujourd'hui un sculpteur; et s'il y subsiste encore quelque statue, c'est qu'on ne l'a pas découverte pour la briser.

Si la Grèce eut de grands artistes, nous en avons eu aussi en France, tels que Coysevox, Coustou, Jean Goujon, à qui l'on doit les bas-reliefs de la fontaine des Innocents, à Paris, et ceux du Louvre; Germain Pilon, qui a exécuté les tombeaux d'Henri II et de Catherine de Médicis. Mais Puget est le premier de tous : élève de la nature, il n'a cherché ses modèles que dans la nature.

Doué d'une force de corps extraordinaire et d'une grande vigueur d'âme, Puget a fait obéir le marbre à son ciseau; son génie a fait circuler partout le sentiment de la vie. Uniquement occupé de son art, il dédaignait les succès de cour, et s'obstina à fixer son séjour à Marseille. sa patrie. C'est de là qu'il envoya à Versailles ces magnifiques groupes qui font la gloire de la sculpture moderne. Entre autres productions, je citerai son sublime groupe de Milon de Crotone, le bras engagé dans la fente d'un tronc d'arbre, et dévoré par un lion. La contraction des muscles, l'expression générale de la douleur sentie sur tous les membres de l'athlète, font de cette œuvre un véritable prodige. Cette statue excite à un tel point l'admiration qu'on n'y voit plus du marbre; c'est de la chair, c'est l'homme, c'est un lion. On souffre avec Milon, sans pouvoir se séparer de lui.

LE PEINTRE

Il y a des gens qui, en voyant un beau tableau, disent tout haut que c'est une chose inutile, que la peinture n'est pas nécessaire, qu'on pourrait s'en passer. Ah! songez-y bien, la peinture est un art sublime; c'est une représentation fidèle de ce que nous sommes, de ce que nous faisons, de ce qui se fit autrefois.

Vous avez un ami que vous chérissez, vous ne vous quittez pas, vous êtes heureux ensemble; mais qu'un jour l'un dise adieu à l'autre pour aller dans un pays éloigné et sans espoir de retour peut-être, quel bonheur pour vous d'avoir son portrait, grâce au talent du peintre! Ainsi un dessin et des couleurs habilement disposées sur la toile suffiront pour que deux amis se retrouvent encore, puisque ces portraits conserveront leur image : voilà pour l'amitié.

N'est-il pas doux encore de retrouver sous ses yeux la mère qu'on a eu le malheur de perdre, le frère qui est mort avant le temps, la tante qui soigna notre enfance? de voir ce regard qui suit le vôtre, ce visage où respire la vie?

Avez-vous fait une jolie promenade au milieu d'une belle forêt ou d'une plaine riante, si vous désirez revoir ces lieux dont vous vous souvenez toujours avec plaisir, le paysagiste vous y transportera en reproduisant la vue, le site, la forêt, la plaine qui vous ont frappé. Chaque arbre viendra se ranger à sa place sur la toile; le petit moulin de la côte semblera tourner encore sous vos yeux, la rivière couler à vos pieds, l'oiseau voler au-dessus de votre tête.

Aimez-vous la mer et les tempêtes, le peintre vous rappellera ses flots agités s'élançant jusqu'aux cieux. Au milieu de cet océan luttera quelque vaisseau battu par l'orage, avec ses mâts rompus, ses voiles déchirées.

Ordonnez : un tableau plus riant va s'offrir à vos yeux. Voilà des fleurs et des fruits; vous seriez tenté de respirer l'odeur de cette rose; cet œillet embaume, cette pomme est bien appétissante.

N'admirez-vous pas l'artiste qui par son talent vous fait jouir ainsi de la vue, presque de l'odeur, du goût, de ces fleurs et de ces fruits?

Mais si le peintre a travaillé longtemps, il peut chercher encore dans l'histoire et nous offrir les traits de la vie des hommes célèbres, les événements fameux, les actions remarquables des bons rois; de la sorte, il nous les fixe dans la mémoire.

Les Grecs et les Romains ont eu dans la peinture une supériorité reconnue. On cite toujours le siècle de Périclès à Athènes. Nous pouvons lui opposer celui de Louis XIV. A partir de cette grande époque, la peinture fut constamment encouragée. La renaissance de la peinture en Europe date de l'an 1500. Léonard de Vinci vint de Rome en France enrichir nos palais. Raphaël, Michel-Ange, le Dominiquin, le Guide, le Titien, sont les grands maîtres qu'un jeune homme doit se proposer lorsqu'il veut apprendre à peindre. Pour se livrer à cet art, il faut commencer de bonne heure et se sentir une vocation réelle, car ce n'est pas là simplement un métier. Le peintre grec Apelles croyait qu'il ne fallait jamais passer un seul jour sans dessiner.

LE PHOTOGRAPHE

La peinture ne donne généralement qu'à haut prix les œuvres qu'on lui demande; la photographic est appelée à la suppléer en une foule de circonstances, et à des conditions toujours très douces.

Le principal instrument du photographe est une chambre obscure. On appelle de ce nom une boîte close de toutes parts, dans laquelle la lumière s'introduit par un petit orifice. Les rayons lumineux du dehors s'entre-croisent à l'entrée et produisent, sur un écran disposé à l'intérieur de la boîte, une image en raccourci et renversée des objets. C'est cette image, essentiellement fugitive par elle-même, que l'on fixe au moyen des procédés de la photographie.

La première tentative de ce genre fut faite en 1824 par Joseph-Nicéphore Niepce. Niepce recevait l'image de la chambre obscure sur une lame de plaqué enduite de bitume de Judée; ce bitume, exposé pendant un certain temps à l'action des rayons lumineux, se modifie et devient insoluble dans l'essence de lavande, tandis que les parties non touchées par la lumière conservent la propriété de se dissoudre dans la même essence. Il obtenait ainsi un dessin par lequel les clairs et les ombres étaient produits par l'action de l'essence sur le bitume. Tel a été le point de départ, assurément fort modeste, des œuvres admirables que la photographie produit aujourd'hui.

Daguerre s'associa à Niepce en 1820 pour le perfectionnement de ce procédé, et rechercha des substances plus impressionnables à la lumière que le bitume de Judée. Il s'arrêta au brome et à l'iode. Ses plaques de cuivre

argenté étaient recouvertes d'une couche très légère d'io-
dure ou de bromure d'argent, qu'il obtenait en l'exposant
dans une boîte à l'évaporation spontanée de quelques
parcelles d'iode ou de brome. Cette plaque ainsi préparée
est placée dans la chambre obscure, et est impressionnée
par les rayons lumineux qui y impriment leur image, mais
d'une manière latente. Ce sont les vapeurs de mercure qui
la font apparaître.

Depuis la promulgation de cette belle découverte,
en 1839, la photographie a fait d'immenses progrès.
La découverte de la photographie sur papier a été un des
perfectionnements les plus notables apportés aux procédés
de Daguerre. Le papier employé doit être imprégné de
sels d'argent, qui sont extrêmement impressionnables à la
lumière; mais l'image reçue par le papier est *négative*,
les blancs étant à la place des noirs, et réciproquement.
L'Anglais Talbot eut l'idée de se servir de cette image
négative comme d'un *cliché* pour obtenir, par simple
application sur un autre papier sensible, une suite indé-
finie d'épreuves avec redressement des teintes. Pour cela,
on applique cette image, rendue transparente, sur du
papier sensible, ce qui se fait à l'aide d'une glace pesant
sur l'épreuve, et on expose le tout au soleil. On doit aussi
à M. Talbot l'indication de l'acide gallique pour faire apparaître l'image qui, au sortir de la chambre noire, est
encore latente, et celle du bromure de potassium pour
la fixer.

Depuis, de nouveaux perfectionnements ont été apportés
à cet art charmant. M. Niepce de Saint-Victor, neveu de
l'un des inventeurs de la photographie, ayant remarqué
que, dans le passage du négatif au positif, l'image perdait
toujours ses finesses de détail, imagina de recevoir la première épreuve sur une plaque de verre; il se servit d'abord
du verre nu, mais avec peu de succès, puis du verre enduit
d'une couche légère d'albumine; à l'albumine d'autres pho-
tographes ont substitué la gélatine, le collodion, et c'est

par ces derniers procédés que s'obtiennent aujourd'hui tous les portraits.

Dans ces dernières années, des simplifications nombreuses et variées ont été apportées aux procédés photographiques, la photographie s'est vulgarisée à l'infini, et elle a suivi les fluctuations de la mode, tantôt retouchée au charbon, tantôt émaillée et tantôt simplement cylindrée. Nous voyons même dans les foires, pour un franc, le portrait sur gélatine reproduit et livré en cinq minutes, avec ressemblance garantie!

Mais le perfectionnement le plus remarquable est, sans contredit, le procédé de la photographie instantanée, qui s'applique en tous lieux et en tous temps, et permet de fixer l'image de poses et de situations qui ne durent qu'un instant. C'est ainsi que, grâce à ce procédé, on a pu présenter, à l'exposition de 1889, une collection des chevaux sauteurs de l'école militaire de Saumur saisis, pour ainsi dire, au vol dans toutes les positions.

Qui pourrait énumérer toutes les applications que l'on a faites des procédés et des principes photographiques? La photographie est aujourd'hui l'auxiliaire indispensable de la science, de presque tous les arts et d'un très grand nombre d'industries.

LE GRAVEUR

Les tableaux sont faits pour être exposés aux regards du public; mais il arriva (et ceci date de loin) que les grands seigneurs, achetant des peintures des maîtres célèbres, les renfermaient dans leurs palais, jaloux qu'ils étaient de leurs richesses.

Qu'a-t-on fait pour parer à cet inconvénient, pour populariser la réputation d'un peintre? On a imaginé la gravure. Les services que la gravure a rendus sont inappréciables. Parvenue, par la simple combinaison du blanc et du noir, à reproduire tous les effets du clair-obscur (lequel clair-obscur est l'ombre des couleurs), elle multiplie les productions des peintres dans un format commode, facile à conserver, à transporter; elle retrace leur *manière,* les beautés de leurs tableaux. L'étude de la géographie doit à la gravure ses cartes, l'architecture ses plans, l'histoire la reproduction vivante en quelque sorte des faits et des portraits d'illustres personnages.

Que de points historiques seraient éclaircis, si les anciens, qui savaient graver, eussent connu l'art précieux d'imprimer les estampes!

On ne peut fixer positivement l'époque et le pays où l'on imagina pour la première fois d'imprimer une gravure sur du papier. L'Italie et l'Allemagne se disputent cette invention, qui date du xve siècle.

Les premières estampes, faites par des orfèvres, ne furent destinées qu'à servir de modèles dans leurs ateliers : aussi sont-elles fort rares. Le premier amateur véritable de gravures fut Claude Maugis, aumônier de Marie de Médicis en 1612. Il employa quarante ans à former sa collection. D'autres ecclésiastiques suivirent son exemple. Ce fut la collection de M. de Marolles, abbé de Villeloin, qui, achetée en 1677 par Louis XIV, forma la base du cabinet des estampes de la bibliothèque du roi.

La gravure anglaise (celle du paysage surtout) a été portée à un degré de perfection qu'il serait impossible de surpasser. On doit aux Anglais le procédé de la gravure sur acier; mis plus récemment en usage, il offre l'avantage d'une grande pureté et celui de pouvoir multiplier une gravure jusqu'à plus de 20,000 épreuves. De plus, ce genre sert merveilleusement aux *réductions* qu'on veut faire. En voici la preuve :

Dans l'*École d'Athènes*, grande et belle composition de Raphaël, on voit plus de cinquante personnages en pied, groupés dans une salle décorée de toutes les richesses de l'architecture; il est remarquable qu'on ait pu rendre par la gravure l'ensemble de ce vaste tableau dans un espace de quinze centimètres sur neuf; que l'on ait su conserver le caractère et l'esprit des personnages, même leurs airs de tête, leurs ressemblances, dans les figures dont les plus grandes ont trois centimètres de haut, et les plus petites un peu plus d'un centimètre.

Le cuivre rouge est celui dont on se sert pour la gravure des estampes. Les *planeurs* le coupent, le planent et le polissent. On grave en taille-douce avec un outil appelé *burin*, pointu, au bout très fin, qui retrace le trait du dessin. La taille-douce flatte l'œil par l'harmonie des tons, par le défilé des hachures.

Il y a encore un genre que l'on nomme l'*aqua-tinta* ou la manière noire. Cette sorte de gravure est propre à retracer les sujets qui exigent peu de lumière, comme les effets de nuit, les intérieurs de monastères, de grottes, etc.; mais il n'est pas facile à imprimer.

On grave encore de beaucoup d'autres façons, soit en creux, soit en relief, pour l'imprimerie, la musique, sur métaux, sur pierres fines; mais ces genres de gravures ne sont pas tous également du ressort des beaux-arts, tandis qu'il est presque aussi difficile de faire un bon graveur en taille-douce qu'un bon peintre.

Aujourd'hui, grâce aux applications de la galvanoplastie et de la photographie, on est arrivé à produire la gravure en relief et même en creux à des prix fabuleux de bon marché, de sorte que le journal et le livre à images sont aujourd'hui dans les mains de tous.

Électro-gravure, héliogravure, phototypie, photogravure se sont répandues à l'infini; mais tous ces procédés économiques, que l'on améliore chaque jour, ne pourront jamais, en dépit des perfectionnements, rem

placer pour l'amateur l'échoppe et le burin de l'artiste,
dont le procédé n'est et ne peut être que l'auxiliaire ou
l'imitateur.

L'HORLOGER

Pour diviser le temps en parties égales, les anciens ont
employé deux moyens : les horloges d'eau, les cadrans
solaires. L'horloge d'eau, ou *clepsydre,* est le premier
instrument que l'on ait inventé ; les Égyptiens en faisaient
remonter l'origine à la plus haute antiquité ; les astro-
nomes chinois en faisaient usage.

Plus tard, on fit attention à l'ombre du soleil ; cette
ombre fut, pour les Phéniciens, la source d'une ingénieuse
application au tracé d'un *gnomon* ou horloge solaire ; ce
peuple commerçant et navigateur avait senti de bonne
heure la nécessité de mesurer le temps avec quelque
exactitude. Vers l'an 640 avant Jésus-Christ, l'astronome
Bérose apporta le premier aux Grecs l'art de diviser le
jour en douze heures, et celui de construire des cadrans
solaires ; cinquante ans après, Anaximandre inventa l'aiguille
qui sert à désigner les heures. L'horloge solaire passa
tout naturellement des Grecs aux Romains. Comme il était
utile de généraliser de semblables découvertes, on érigea
dès lors sur les places publiques des colonnes ou autres
édifices sur lesquels l'ombre projetée indiquait l'heure de
la journée. Bientôt l'utilité des cadrans solaires en fit
imaginer de portatifs. Mais comme ces inventions n'étaient
utiles que dans le jour et même quand le soleil n'était
pas voilé par des nuages, il fallut avoir recours à d'autres
instruments pour mesurer le temps pendant la nuit ou

lorsque le soleil ne paraissait pas ; on fit alors usage des clepsydres et des sabliers.

La clepsydre n'était anciennement qu'une machine fort grossière et peu exacte, dont le mécanisme consistait à faire nager sur l'eau un petit vaisseau garni d'une verge qui marquait en montant, à mesure que l'eau tombait d'un autre grand vaisseau, les distances des heures sur une règle qui lui était opposée. Depuis on a singulièrement perfectionné ces machines, auxquelles on a même appliqué des sonneries et des mouvements mécaniques mis en jeu par la chute de l'eau. Quant au sablier, qui ne différait guère de la clepsydre qu'en ce sens que le sable y fonctionnait en place d'eau, du moment où l'art de l'horlogerie prit naissance, il fut relégué dans les couvents ; les moines, las de chercher dans les étoiles les heures de l'office, imaginèrent de s'en servir.

Enfin les horloges furent inventées vers le ive siècle ; la première qui parut en France, en 760, fut envoyée à Pépin le Bref par le pape Paul Ier ; le calife Haroun-al-Raschid fit un présent semblable, en 807, à Charlemagne ; mais cette dernière horloge n'était pas plus sonnante que l'autre ; ce n'est que sous le règne de Louis XI, au xive siècle, que furent connues les horloges à sonnerie. De là cette ancienne coutume, qui se conserve en Allemagne, en Suisse, en Angleterre, d'aposter des hommes pour avertir de l'heure pendant la nuit.

La première grande horloge dont l'histoire fasse mention est celle de l'Anglais Richard Walighford, qui vivait en 1326 ; la seconde, celle de l'Italien Jacques Dondis ; la troisième, celle du Palais à Paris, exécutée en 1370 par l'Allemand Henri de Vic. Peu à peu toutes les villes les plus considérables de l'Europe eurent des horloges enrichies de diverses machines et de singularités quelquefois assez bizarres. Vers 1550, Henri II fit construire celle d'Anet, où l'on voyait un cerf qui frappait du pied les heures, et une meute de chiens qui couraient en aboyant.

Celle de Strasbourg, achevée en 1573, passait pour une des plus merveilleuses de l'Europe, comme celle de Lyon est réputée la plus belle de France ; mais Strasbourg a aujourd'hui une horloge astronomique qui l'emporte de beaucoup sur l'ancienne, et qui est un véritable chef-d'œuvre de combinaisons ; enfin la plus grande qu'on ait faite jusqu'à présent est l'œuvre de Lepaute, et décore l'hôtel de ville de Paris depuis 1781.

Ces horloges de gros volume amenèrent insensiblement les artistes à en construire de plus petites à l'usage des appartements, en forme de *pendules;* puis d'autres ouvriers habiles imaginèrent de faire des horloges portatives, auxquelles on donna le nom de *montres :* ce fut vers le milieu du XVIIIe siècle. Dans le principe, ces montres étaient grossières, d'une dimension incommode; mais l'art de l'horlogerie ne tarda pas à se développer avec une telle rapidité, que de nos jours il est parvenu au plus haut degré de perfection. Non seulement on fait aujourd'hui des montres excellentes, mais encore de si petites, qu'on les monte dans des pommes de cannes, dans des boutons d'éventails, et jusque sur des bagues.

L'horloger qui possède la théorie et la pratique de son art n'est pas un artisan ordinaire, mais un véritable artiste, et de plus un habile mécanicien. Telle est la réputation qu'ont laissée en Europe les Julien Leroi, les Breguet, les Janvier, les Lepaute, les Berthoud, etc.

LE FONDEUR

Les Égyptiens et les Grecs ont connu l'art de mettre les métaux en fusion ; mais ce qui reste de leurs ouvrages atteste qu'ils n'ont rien fait que d'ordinaire quant à la dimension des objets. Le fameux colosse de Rhodes, qui a conservé jusqu'à nous une si prodigieuse renommée, n'était, selon toute apparence, qu'un composé de plaques de cuivre rapportées. C'est ainsi qu'on a construit la statue du connétable de Montmorency élevée à Chantilly, et la magnifique colonne de la place Vendôme, à Paris.

Plus heureux que les anciens, nous avons exécuté en France de très grands ouvrages d'un seul jet.

En 1699, un Suisse, Balthasar Keller, avait fondu d'un seul jet une statue équestre de Louis XIV, de 7 mètres de haut, qui s'élevait place Vendôme, et, l'année suivante, l'élève de cet artiste célèbre, Jacobi, en fondait une semblable à Berlin, pour l'électeur Frédéric-Guillaume. Quand M. Lemoine, habile sculpteur, exécuta pour la ville de Bordeaux la statue équestre de Louis XV, il y avait cinquante ans déjà que celle de Keller avait été fondue ; les mouleurs, forgerons et fondeurs qu'on y avait employés n'existaient plus : or, sans les mémoires recueillis par M. Boffrand, l'art de fondre d'un seul jet les statues équestres eût été perdu. De nos jours, M. Soyer a exécuté des travaux admirables en ce genre, parmi lesquels la statue de Louis XIV, érigée place des Victoires, et le Génie ailé qui surmonte la colonne dè Juillet, place de la Bastille, Les statues de Marc-Aurèle à Rome et de Côme de Médicis à Florence ont été fondues par pièces séparées. Il en est de même de la chaire de la basilique de Saint-Pierre à Rome ; ce grand ouvrage, de plus de 26 mètres de haut, se compose de pièces montées sur armatures.

Mais l'art du fondeur ne se borne pas à la fonte des statues, des canons, des cloches ; il consiste à jeter les métaux dans des moules de différentes formes, suivant tous les usages divers auxquels on les destine. Ainsi l'on fond des colonnes, des balcons, des rampes d'escalier, des grilles, des bancs, des chaises, des vases de jardins, des chaudières, des presses, et une foule de menus objets d'un usage journalier. Cet art, porté depuis plusieurs années à une extrême perfection, semble avoir atteint ses dernières limites.

Nous avons parlé de la fonte des statues ; disons un mot sur celle des canons. Les premiers canons, au XIVe siècle, étaient des cylindres creux, consolidés de distance en distance par plusieurs cercles de fer ; la culasse se terminait par un bouton ; la lumière se plaçait entre le premier et le second cercle. Les canons étaient primitivement en fer ; mais comme ils étaient ainsi sujets à éclater, on en fit avec cet alliage de métaux auxquels on a donné le nom de bronze.

Sous Charles V, on commençait à connaître l'art de fondre les canons ; mais alors un canon se coulait comme on fond une cloche, procédé qui n'offrait aucune sécurité : les canons crevaient très fréquemment. Vers le milieu du dernier siècle, un nommé Maritz trouva le moyen de remédier à cet inconvénient si grave en imaginant de couler les canons pleins et massifs ; puis, à l'aide d'une machine également de son invention, en forme d'alésoir, il parvint à forer l'âme des canons et à égaliser d'une manière parfaite leur surface intérieure. Au moyen de cette machine curieuse, on fore un canon en vingt-quatre heures.

L'art de fondre les cloches fut connu des anciens, puisqu'on fait remonter l'invention des cloches jusqu'aux Égyptiens. Une cloche se compose de sept parties : la *patte* ou cercle inférieur, le *bord* sur lequel doit frapper la masse du battant, les *faussures* ou enfoncement du milieu, la *gorge,* c'est-à-dire la partie qui va s'élargissant, le *vase supérieur* ou milieu de la cloche au-dessus des faussures, le *cerveau* ou couverture, enfin les *anses,* branches de métal destinées à recevoir les clavettes par lesquelles la cloche sera suspendue au *mouton.*

Les matières nécessaires à la construction du moule d'une cloche sont : de la terre, de la brique, de la fiente de cheval, de la bourre, du chanvre, de la cire et du suif.

Lorsque le fondeur doit exécuter plusieurs cloches destinées à fonctionner ensemble, on se demandera peut-être
comment il parvient à donner à chacune le son particulier
qui lui convient pour obtenir un accord parfait ; c'est au
moyen d'un régulateur appelé *brochette,* qui sert à donner
très précisément aux cloches la hauteur, l'ouverture et
l'épaisseur convenables, suivant la diversité des sons qu'on
veut leur faire produire. Aujourd'hui on tourne les cloches,
et, en diminuant l'épaisseur de leurs parois, on les amène
au ton précis qu'on veut leur rendre.

L'ORFÈVRE

Le luxe et l'opulence ont contribué à perfectionner l'art
de l'orfèvrerie, dont l'origine remonte aux temps les plus
reculés. Les écrits de Moïse et d'Homère suffisent à prouver
que cet art était non seulement cultivé en Asie, en
Égypte, mais porté même à un haut degré de perfection.
Éliézer offrit à Rébecca des vases et des pendants d'oreilles
en or et en argent. Juda donna en gage à Thamar son
bracelet et son anneau. Pharaon, en élevant Joseph à la
dignité de premier ministre, le fit décorer d'un collier
d'or. Le roi de Thèbes et sa femme avaient fait présent :
l'un, à Ménélas, de deux grandes cuves d'argent et de deux
trépieds d'or ; l'autre, à Hélène, d'une quenouille d'or et
d'une magnifique corbeille d'argent, dont les bords étaient
en or très fin et bien travaillé. L'art de souder les métaux
était donc connu des Égyptiens.

L'Asie et la Grèce nous offriront en orfèvrerie des merveilles non moins prodigieuses. Rien de plus riche et de
plus magnifique que le trône de Midas ; les chefs de l'armée

troyenne, Hector notamment, portaient des boucliers d'or. Mais une des preuves les plus réelles qu'au temps de la guerre de Troie l'art de l'orfèvrerie était parvenu à un haut degré de perfection chez les peuples de l'Asie, nous est fournie par le célèbre bouclier d'Achille. Sans parler de la richesse et de la variété des dessins qui régnaient dans une pareille œuvre, nous signalerons l'alliage du cuivre, de l'étain, de l'or et de l'argent qu'Homère fait entrer dans sa composition. On connaissait donc l'art de rendre, par l'impression du feu sur les métaux et par le mélange, la couleur des différents objets : ajoutons-y la gravure et la ciselure, et l'on conviendra que ce bouclier était, en effet, pour l'époque un véritable chef-d'œuvre.

De l'Asie, l'art de travailler l'or et l'argent passa chez les Romains et leurs successeurs. Le Bas-Empire a produit lui-même en orfèvrerie des ouvrages de mauvais goût sans doute, mais au moins très considérables. Par exemple, Constantin fit présent à la basilique de Latran de diverses pièces d'orfèvrerie de dix-sept marcs d'or et de vingt-neuf mille cinq cents marcs d'argent. Le moyen âge fut pour l'art de l'orfèvrerie un temps de dépérissement et de décadence ; on lui doit des châsses, des vases et autres ornements d'église d'un travail assez délicat, mais d'un goût gothique et d'un mauvais dessin.

C'est à la découverte de l'Amérique que l'orfèvrerie dut sa renaissance et sa vie nouvelle. Toutes ces nouvelles masses d'or et d'argent qu'elle fit affluer en Europe éveillèrent le goût du luxe, le sentiment des arts. Toutefois ce ne fut en réalité qu'au XVIIe siècle qu'on vit surgir de grands artistes en ce genre : les Balin, les Launai, les Germain, qui n'ont cessé eux-mêmes de trouver jusqu'à nos jours de dignes imitateurs. Pour tout dire, l'orfèvrerie de Paris s'est acquis une immense supériorité sur celle de tous les autres pays ; il en sera toujours ainsi pour tous les travaux où il faut réunir la beauté des formes, le goût du dessin et la délicatesse de la main-d'œuvre.

Le nombre des objets divers qui sortent des mains de l'orfèvre est si multiplié, que nous devons renoncer à les désigner. Les branches les plus importantes de son art sont les travaux en vaisselle plate et vaisselle montée, la *grosserie* et les ornements d'église.

LE CISELEUR

La ciselure paraît avoir été connue de temps immémorial en Asie, en Égypte, d'où elle passa en Grèce et atteignit un nouveau degré de perfection. Pline fait mention des plus habiles ciseleurs de son époque et de leurs meilleurs ouvrages.

La ciselure est un des arts qui se sont le plus perfectionnés en France depuis un siècle et demi ; c'est elle qui embellit et enrichit les ouvrages d'or, d'argent et d'autres métaux, par les dessins ou sculptures qu'elle y représente en relief. Le ciseleur est un véritable artiste. Dès le commencement du dernier siècle, Balain et Thomas Germain ont égalé par leur burin tout ce que les anciens avaient exécuté de plus beau en ce genre. L'Italie se glorifie à bon droit de son immortel Benvenuto Cellini.

De nos jours, l'art du ciseleur semble avoir atteint son plus haut degré de perfection. Il est des arts qui rétrogradent, que le mauvais goût fait retomber dans l'enfance ; il n'en a pas été de même de celui-ci.

Les procédés du ciseleur sont curieux. Pour travailler des ouvrages *creux* et de peu d'épaisseur, comme des boîtes de montre, des tabatières, etc., il commence par dessiner sur la matière les sujets qu'il veut représenter ; ensuite il donne le relief qu'il désire en frappant le métal

et le chassant de dedans en dehors pour relever et former
les figures ou ornements qu'il veut reproduire en relief

Taillerie de diamants.

sur la surface extérieure. Il se sert, à cet effet, d'outils
appelés *bigornes,* de formes différentes, sur le bout desquels
il applique l'intérieur du métal, en ayant bien soin que

8*

les bouts de ces bigornes répondent précisément aux
parties de l'objet auxquelles il veut donner du relief.
Frappant avec un petit marteau le métal que soutient la
bigorne, celui-ci cède ; c'est ainsi que la bigorne fait en
dedans une impression ou creux qui produit en dehors
une élévation sur laquelle l'artiste cisèle les figures ou
ornements de son dessin, après avoir préalablement rempli
tout le creux avec du ciment. Ce ciment est composé de
résine, de cire et de brique mise en poudre et bien
tamisée.

Le système de ciselure en *relief* est applicable à un très
grand nombre d'objets d'art, de luxe ou d'utilité.

Les outils du ciseleur sont, indépendamment des bigornes
et des marteaux petits et gros, les ciselets d'acier de toutes
tailles, les rifloirs, sorte de limes un peu recourbées vers
le bout, le burin et les ciseaux plats et demi-ronds. C'est
cependant avec ces instruments grossiers que, sous les
doigts d'un homme habile, se produisent ces chefs-
d'œuvre de goût, d'adresse et de patience que nous admi
rons à si juste titre.

LE JOAILLIER

Avant le règne de Louis XIV, on ne faisait qu'un usage
fort rare du diamant. Les anciens le connaissaient ; mais
ils lui préféraient les pierres de couleur, et surtout les
perles. Agnès Sorel est la première femme qui ait porté
des pierreries en France ; Anne de Bretagne, la seconde.
Depuis François Ier jusqu'à Louis XIII, toutes les parures
ne se composaient que de pierres de couleur et de perles.
Quant à ces dernières, surtout les perles en poires, elles

étaient si communes et tellement à la mode en France,
sous Henri III et Henri IV, que des hommes et les femmes
en avaient souvent les habits semés de haut en bas. Les
femmes conservèrent l'usage des perles jusqu'à la mort
de Marie-Thérèse d'Autriche, c'est-à-dire jusqu'à la fin du
XVIIᵉ siècle ; c'est à peu près vers cette époque, 1683, que
les diamants commencèrent à obtenir la préférence sur
toutes les autres parures de pierres précieuses.

Jadis on tirait les diamants d'Éthiopie ; depuis ces derniers siècles, on les extrait du Bengale, de Golconde, de
Visapour et surtout du Brésil. Le hasard a fait découvrir
la mine de Golconde, comme il a fait trouver plus tard
l'art de travailler le diamant. Un berger, conduisant son
troupeau dans un lieu écarté, aperçut une pierre qui jetait
de l'éclat ; il la ramassa, la vendit, pour un peu de riz,
à quelqu'un qui n'en connaissait pas mieux la valeur ;
passant ensuite de mains en mains, cette pierre finit par
tomber dans celles d'un marchand connaisseur qui en tira
un prix élevé. Cette trouvaille fit grand bruit. Dès ce
moment, chacun s'empressa de fouiller dans l'endroit où
le diamant avait été ramassé. C'est ainsi que fut découverte
la mine de Golconde. Maintenant voici comment on raconte
l'origine de la taille du diamant. — Louis de Berquem, de
Bruge, né de parents nobles, sortait à peine des classes,
vers l'an 1450. Sans être aucunement initié au métier de
lapidaire, il avait reconnu que deux diamants s'entamaient
si on les frottait un peu fort l'un contre l'autre ; il prit
donc deux diamants, les monta sur du ciment, les *égrisa*
l'un contre l'autre, et ramassa soigneusement la poudre
qui en provint ; ensuite, à l'aide de certaines roues en
fer qu'il inventa, il parvint par le moyen de cette poudre
à polir parfaitement les diamants et à les tailler comme
il le désirait.

Cette découverte est d'autant plus précieuse, que les
pierres fines doivent uniquement à l'art de les tailler et de
les polir ce brillant et cette vivacité qui, joints à la beauté

de leurs couleurs, les ont de tout temps fait rechercher. Les pierres précieuses se taillent en général sur des roues de métal ; le diamant, sur une roue de fer ; les rubis, saphirs et topazes, sur une roue de cuivre ; les émeraudes, améthystes, grenats, sur une roue de plomb ; enfin la turquoise, le lapis, l'opale, sur une roue de bois.

Le *joaillier* est le marchand qui vend les pierres précieuses ; le *lapidaire*, l'artisan qui les taille et polit ; le *metteur en œuvre*, l'ouvrier qui les monte en bagues, en bracelets, en colliers, sur épingles ou de toute autre manière. Aux deux derniers revient de droit le mérite de toutes ces brillantes parures que nous admirons, et pourtant ils n'ont pour eux que l'obscurité et souvent la misère ; c'est au joaillier que reviennent les éloges, la renommée et la fortune. Combien de geais parés des plumes du paon !

LE DOREUR

L'art du doreur varie à l'infini : la dorure s'applique à tant d'usages différents ! On dore tout : l'argent, le cuivre, le fer, l'acier, le bronze, le bois, le verre, les cristaux, la porcelaine, le papier, le cuir, et tout cela par des procédés nécessairement différents. On distingue notamment la dorure à l'huile, la dorure en détrempe et la dorure au feu : c'est cette dernière qui s'applique aux métaux.

La dorure à l'huile est celle qu'on emploie d'ordinaire pour parer les dômes des monuments publics et toutes les parties des édifices exposées aux injures du temps. La dorure en détrempe exige beaucoup plus de préparation et plus d'art ; mais elle s'applique à des objets de petite dimension, d'ailleurs placés à l'intérieur des églises, des

palais, des châteaux, des maisons ; car cette dorure ne
saurait résister ni à la pluie ni à l'action de l'air, qui la
détériorent.

On ne connaissait, jusqu'en 1839, que trois manières de
dorer au feu, savoir : en or moulu, en or en feuilles, en
or haché. Tous ces procédés avaient pour base la dorure
au mercure. Le bain se composait d'un amalgame d'or
dans lequel on trempait l'objet à dorer pour le soumettre
ensuite à l'action du feu ; le mercure s'évaporait dans
l'air, et l'or restait fixé au métal ; il n'y avait plus qu'à
polir. Mais les ouvriers employés à ce travail étaient
empoisonnés par les vapeurs mercurielles, dont aucune
précaution ne pouvait les préserver.

Aujourd'hui, grâce aux découvertes d'Elkington, de Ruolz,
de Lenoir, rien de plus simple que la dorure à la pile. Le
bain ayant été préparé comme nous l'avons dit plus haut[1],
l'ouvrier fait subir à l'objet à dorer une préparation qui
varie selon sa substance ; puis on le trempe dans le bain
galvanique. Au bout d'un certain temps, lorsque le dépôt
est formé, et qu'il a obtenu l'épaisseur désirable, on le
retire ; mais il n'a point de couleurs brillantes au sortir
du bain ; il faut encore lui faire subir deux opérations : le
gratte-brossage et le *brunissage*.

Le *gratte-brossage* se fait au tour, ou mieux, pour les
pièces délicates, à la main avec une brosse en fil de
laiton, et encore, pour amoindrir la force de cette action,
brosse-t-on dans un baquet rempli d'eau grasse. Le *brunissage* consiste à donner aux objets le dernier éclat par
le frottement d'un instrument à pointe d'agate.

On dore et on argente aujourd'hui toutes sortes de
métaux, et même des matières végétales et animales : les
étoffes, les fleurs, les fruits. Pour opérer, il suffit d'enduire d'une légère couche de plombagine la fleur ou le
fruit à dorer.

---

[1] Voir l'électricien.

Le secret de dorer à l'huile était inconnu des anciens ;
il fut trouvé dans ces derniers siècles ; il est même douteux
qu'on sût autrefois dorer en or moulu les figures et autres
pièces de métal. Il n'y a pas cent ans qu'on a découvert
l'art d'appliquer directement le mat ou le bruni sur le
bois ou sur le plâtre, sans aucune espèce de blanc d'apprêt. Un des avantages de cette invention a été de pouvoir
conserver sans aucune altération la beauté des profils, la
finesse et l'esprit de la sculpture.

Après avoir dit un mot de l'art du doreur à notre
époque, voyons un peu ce qu'il était dans l'antiquité.

Les Hébreux avaient d'abord trouvé le moyen bien simple
de se passer de dorure ; ils avaient couvert de lames d'or
l'arche d'alliance et la table des pains de proposition.
Quant aux Grecs et aux Romains, il en fut tout autrement ; ils doraient leurs ouvrages de terre, de bois et de
marbre. Voici comment ils s'y prenaient : ils étendaient
l'or par feuilles très minces et l'appliquaient sur le marbre
à l'aide de blancs d'œufs, sur le bois avec une certaine
composition de terre glutineuse. C'est ainsi que fut dorée
la célèbre statue de Minerve, faite par Phidias. Cet art, né
dans la Grèce, ne fut reçu à Rome que vers l'an 571 de
sa fondation. La première statue qu'on vit dorée de cette
manière fut celle du père d'Acilius Glabrion, duumvir.

On s'était contenté jusque-là de donner une couleur
rouge aux bustes des ancêtres, que les patriciens conservaient religieusement. Le luxe de la dorure gagna bien
vite tous les rangs de la société ; ce fut au point qu'on vit
de simples particuliers s'aviser d'appliquer aux voûtes et
aux murailles de leurs chambres un ornement somptueux,
qui dans de meilleurs temps était réservé aux seuls lambris
du Capitole.

L'OPTICIEN

L'art de l'opticien est d'autant plus intéressant que, créé par la science et constamment guidé par elle, il lui rend à son tour les plus éminents services, au moyen des précieux instruments de toute nature qu'il a su produire et qu'il met chaque jour encore à sa disposition pour les besoins et les admirables expériences de la chimie, de la physique et de l'astronomie.

Les anciens ont connu l'optique ; Euclide en a parlé des premiers ; cette science fut cultivée, dans le XIe siècle, par Alazène ; mais elle doit ses progrès les plus merveilleux à Descartes, à Newton, à Euler et autres grands hommes.

Suivons la marche de ces découvertes. La *boussole* proprement dite fut inventée par le Napolitain Gioja en 1302. C'est à Spina, dominicain de Pise, qu'est due, au XIVe siècle, la découverte des *besicles*. Le premier *microscope* parut en 1690 ; il fut l'œuvre d'un pauvre lunetier de Middelbourg, nommé Janzen. L'invention du *télescope* date de l'année 1609 ; on en est redevable au célèbre Galilée ; Huyghens le perfectionna. Le *baromètre* fut imaginé, en 1646, par l'Italien Torricelli, et ses excellents effets furent constatés par les exprériences que fit Pascal sur le Puy-de-Dôme.

Bientôt, le phénomène de la pression de l'air étant connu, Otto inventa en 1650 la *machine pneumatique,* au moyen de laquelle il est possible de raréfier à un très haut degré l'air enfermé dans une cloche de verre. A la même époque, Kircher découvrit la *lanterne magique,* fit des expériences avec des miroirs ardents, expliqua l'aimant. Vers le milieu du XVIIe siècle, Huyghens adapta aux horloges et aux montres des *pendules* et des ressorts *régulateurs*. Auzout perfectionna le *micromètre* ; Amontons inventa l'*hygromètre,* qui sert à mesurer les différents degrés d'humidité de l'air. Newton ayant observé que la dispersion des couleurs était la principale cause de la confusion des images dans les instruments d'optique, Dollond construisit un verre objectif qui transmit les images incolores.

Combien d'autres découvertes en optique, non moins intéressantes et plus modernes, sommes-nous condamné à passer sous silence ! un livre entier suffirait à peine pour les énumérer.

En résumé, nous voyons en tout temps les opticiens recevoir les inspirations des savants, exécuter sous leurs yeux d'étonnantes merveilles, et reculer ainsi, par leur art poussé jusqu'à la perfection, les limites de la science. Les opticiens sont donc plus que de simples industriels, plus que des artistes même ; plusieurs d'entre eux, surtout parmi nos contemporains, ont prouvé qu'il y avait en eux l'intuition du génie. L'art de l'optique, en France, a su non seulement se rendre indépendant de toute industrie étrangère, mais il est un de ceux qui nous honorent le plus aux yeux de l'Europe entière.

L'IMPRIMEUR

La plus belle conquête que l'intelligence ait faite dans les arts, c'est l'imprimerie, cet ingénieux protée qui prend la forme de toutes les idées, et met en relation les esprits d'un bout du monde à l'autre.

Au milieu du xve siècle, Gutenberg, de Mayence, inventa l'imprimerie. Il se servit d'abord de tables en bois sculptées ; mais c'était là un moyen trop coûteux, parce que ces mêmes planches ne pouvaient servir qu'au même ouvrage. Gutenberg s'associa l'orfèvre Faust, et ils remplacèrent les planches par des caractères mobiles en bois; ce procédé avait encore le grand inconvénient d'être trop fragile. Ce fut un ouvrier de Faust qui eut l'idée de couler

François Ier chez Robert Estienne.

en fonte les caractères dans des moules nommés matrices. Faust récompensa Schœffer en le nommant son gendre. Le premier ouvrage imprimé par ce nouveau moyen fut une bible latine. Lorsqu'en 1462 Adolphe de Nassau livra Mayence au pillage, les imprimeurs quittèrent cette ville et se disséminèrent en Europe. Faust vint à Paris, où il vendit plusieurs exemplaires de sa bible. Le parlement, l'université et le peuple l'accusèrent de magie ; on le jeta en prison, mais Louis XI lui fit rendre la liberté; seulement il imposa à Faust l'obligation de faire connaître le moyen par lequel il multipliait ainsi les exemplaires d'un ouvrage.

L'imprimerie était une trop belle invention pour ne pas faire rapidement le tour du monde. Les Hollandais obtinrent aux xvi⁰ et xvii⁰ siècles un grand renom dans cet art. Le premier nom célèbre en France est celui de Robert Estienne, sous François Ier; c'est lui qui exposait les épreuves de ses belles éditions à la porte de son imprimerie, et offrait un sou de récompense à chaque étudiant qui, en passant, y découvrirait une faute.

Au xvii⁰ siècle, Louis XIII fonda l'imprimerie royale. Louis XVI n'était pas seulement serrurier, il était aussi imprimeur ; il existe un ouvrage intitulé : *Maximes tirées de Fénelon,* imprimé par lui en 1766.

L'art d'imprimer se divise en deux opérations bien distinctes : la *composition* et le *tirage.* La première consiste à former les mots et les lignes, à assembler les pages; la seconde, à les reproduire sur le papier.

Les caractères sont de petites tiges de métal fondu, composé de plomb et d'antimoine ; à l'une des extrémités de la tige se trouve en relief une lettre ou un signe. Les lettres sont réparties dans les petits compartiments d'une grande boîte placée devant le compositeur ; la boîte s'appelle *casse,* chaque compartiment, *cassetin.* Les lettres sont prises une à une et assemblées sur un instrument en fer qu'on nomme *composteur ;* entre chaque mot on met une *espace,* et la largeur de la ligne s'appelle la *justification* de l'ouvrage. C'est la lettre *n* qui sert de base à ce calcul ; ainsi on dit que la ligne a tant de *n.* Entre chaque·ligne on place de minces lames de métal qu'on appelle *interlignes.* Le compositeur a aussi devant lui une planche rectangulaire à rebords appelée *galée,* sur laquelle il pose les lignes sortant du composteur jusqu'à ce qu'elles soient en nombre suffisant pour former une page ; alors il lie et entoure cette page avec une ficelle et en compose ce qu'on appelle un *paquet.*

Ici s'arrête la besogne du compositeur et commence celle du metteur en pages. — Les paquets sont déposés sur un marbre, et les pages placées suivant l'ordre qu'elles doivent occuper dans la feuille. On appelle *feuillet* la réunion de deux pages, recto et verso ; *format,* le nombre de feuillets produits par une feuille pliée ; ainsi quatre feuillets ou huit pages font un in-4º ; huit feuillets, **un** in-8º ; douze feuillets, un in-12 ; dix-huit feuillets, un in-18. Une *forme* comprend les pages d'un côté de feuille.

Le metteur en pages, après s'être assuré que ses feuillets sont placés dans l'ordre voulu, prend deux *châssis* égaux, un pour chaque forme ; c'est un cadre composé de cinq barres de fer : quatre pour les côtés, une au milieu.

On met entre les pages des lingots qu'on appelle *garnitures ;* et dès que la lettre se trouve suffisamment maintenue par la garniture, on ôte les ficelles des pages, puis on serre les formes à l'aide de coins enfoncés entre les châssis et les pages. Pour mettre ensuite les lettres de niveau et abaisser celles qui ne porteraient pas sur le marbre, on se sert d'un *taquoir* carré, en bois de deux couches : l'une en bois tendre, qui porte sur les lettres ; l'autre en bois dur, qui reçoit les coups de marteau ; ce taquoir est successivement promené sur toutes les pages.

C'est alors que les formes sont remises à l'imprimeur pour qu'il en fasse une épreuve ; cette première épreuve sert à indiquer les fautes commises par les compositeurs ; un *correcteur* signale toutes ces fautes ou erreurs par des indications en marge de l'épreuve ; l'ouvrier exécute les corrections indiquées ; après quoi une seconde épreuve est faite ; c'est celle qu'on remet à l'auteur pour qu'il donne son *bon à tirer.* Ensuite vient la *tierce;* c'est la première bonne feuille tirée, après que les corrections du bon à tirer ont été exécutées. Le *prote,* qui est la cheville ouvrière de l'imprimerie, ne doit donner l'ordre de *mettre sous presse* qu'après s'être assuré qu'aucune faute nouvelle ne s'est glissée depuis la dernière épreuve.

Voici maintenant de quelle manière on procède au tirage. Nous sommes bien loin aujourd'hui de la vieille presse à vis employée par Gutenberg et ses successeurs, et même de la presse à bras encore utilisée pour certains petits tirages : la nécessité d'imprimer des volumes et des feuilles publiques à grand nombre d'exemplaires, en un temps très restreint, a amené l'invention des machines à imprimer mues par la vapeur, et dont le type le plus usuel est la *machine double à deux cylindres.*

Chacune des *formes* composant la *feuille* est déposée et calée sur les *marbres* de la machine situés l'un à l'avant, l'autre à l'arrière. Chacun de ces marbres est surmonté d'un cylindre muni de pinces. Ces cylindres tournent en sens contraire, les marbres sont animés d'un mouvement de va-et-vient, les deux mouvements sont solidaires. Au premier tour, les pinces du premier cylindre saisissent la feuille de papier, qui s'enroule et s'applique sur sa surface au moyen de cordons ; ce cylindre, ainsi revêtu de la feuille à imprimer, rencontre dans sa course la première forme préalablement encrée, et imprime, par sa pression cylindrique, le premier côté de la feuille de papier. C'est alors qu'un système de cames fait ouvrir les pinces du premier cylindre au moment où les pinces du second saisissent à leur tour la feuille, l'enroulent en sens inverse sur la surface du second cylindre, qui présente à la deuxième forme le verso de la feuille resté en blanc. Le papier ainsi imprimé des deux côtés est reçu par les mains d'un apprenti. Des encriers placés aux deux extrémités des marbres distribuent l'encre à des jeux de rouleaux mis en mouvement par les marbres eux-mêmes.

Le talent de l'ouvrier imprimeur consiste surtout dans la *mise en train,* c'est-à-dire dans la disposition des étoffes et des papiers que l'on doit appliquer à la surface de chaque cylindre, pour permettre au papier de recevoir une impression d'une couleur ferme et bien égale. Pour le tirage des gravures en relief, dont l'usage est si général aujourd'hui, on procède de la même façon, mais avec un soin plus spécial de la mise en train, et généralement avec une *machine simple*, c'est-à-dire n'imprimant qu'un seul côté de la feuille.

Lorsque l'on veut reproduire une gravure en couleurs par les moyens typographiques, c'est-à-dire à l'aide de clichés en relief, il faut faire autant de tirages consécutifs qu'on veut obtenir de teintes différentes. La grande difficulté consiste alors dans le *repérage,* pour que les diverses couleurs du dessin tombent exactement à leur place. On doit faire usage, pour ces travaux chromo-typographiques, de machines simples, neuves, parfaitement réglées et à marche lente.

Lorsqu'un ouvrage doit être reproduit à un très grand nombre d'exemplaires, on remplace pour le tirage les caractères mobiles soit par des clichés en plomb et antimoine, obtenus au moyen d'empreintes au papier, soit par des clichés de cuivre obtenus par la galvanoplastie, doublés de plomb sur une épaisseur de deux à cinq millimètres, et montés, pour obtenir la hauteur des caractères, sur des blocs soit en bois, soit en métal.

Pour le tirage de certains journaux tels que le *Petit Journal,* qui exigent des centaines de mille d'exemplaires, on fait usage de machines spéciales, appelées *rotatives verticales,* et de papier en rouleau sans fin. Ces machines sont souvent accompagnées d'un couteau qui sépare chaque exemplaire, et d'une receveuse mécanique qui le plie ; et elles produisent ainsi de 40 à 60,000 exemplaires à l'heure.

Telles sont, très résumées, les principales opérations de l'imprimerie, ce magnifique et gigantesque auxiliaire de la pensée, qui va jetant à travers le monde à des millions de lecteurs quotidiens les idées et les paradoxes de quelques-uns. Aussi, à côté des immenses services que cette industrie rend chaque jour à l'humanité, ne peut-on sans frémir considérer le torrent de fausses doctrines et d'idées mau-

vaises de la diffusion desquelles elle est le docile instrument, et l'on s'empresse de conclure que c'est aux hommes
de bien à se servir avec énergie de cette arme puissante
pour le triomphe de la religion, de la morale et de la
vérité !

FIN

TABLE

———

IV. — MÉTIERS UTILES

V. — LUXE ET BEAUX-ARTS

23334. — Tours, impr. Mame.

www.ingramcontent.com/pod-product-compliance
Lightning Source LLC
LaVergne TN
LVHW011959180726
843502LV00005B/1474